KB094700

하자 없는 황토집을 짓는 최신 건축 기술

흙집의 진화,

담틀집

세상에 100% 완전한 집은 없다. 흙집을 냉정히 판단한다면, 그 하자와 문제점들은 심각한 수준이다. 나는 현대의 시멘트 건물이나 목조주택에 견주어도 구조나 기능, 사후 관리 면에서 결코 뒤지지 않는 흙집을 짓고 싶었다. 이 모든 문제를 해결하기에 가장 이상적인 공법이 바로 담틀집이다.

하자 없는 황토집을 짓는 최신 건축 기술

흙집의 진화, 담틀집

초판 1쇄 발행일 2016년 2월 26일 / 저자 윤경중

발행인 이심 / 편집인 임병기 / 책임편집 이세정

사진 윤경중, 변종석 / 디자인 최향주

마케팅 서병찬 / 총판 장성진 / 관리 이미경

출력 삼보프로세스 / 인쇄 신흥P&P주식회사 / 용지 영은페이퍼㈜

발행처 ㈜주택문화사 / 출판등록번호 제13-177호

주소 서울시 강서구 강서로 466 우리벤처타운 6층

전화 02-2664-7114 / 팩스 02-2662-0847 / 홈페이지 www.uujj.co.kr

정가 23,000원

ISBN 978-89-6603-028-6

이 도서의 국립중앙도서관 출판예정도서목록(CIP)은 서지정보유통지원시스템 홈페이지
(http://seoji.nl.go.kr)와 국가자료공동목록시스템(http://www.nl.go.kr/kolisnet)에서
이용하실 수 있습니다(CIP제어번호 : CIP2016003530).

의식주(衣食住)는 인간이 살아가는 데 가장 기본적인 것이다. 종교와 사상과 이념을 빼고 생각한다면 인간은 잘 먹고 잘 살기 위해서 수고하는 존재다. 마찬가지로 누구나 좋은 환경에서 살고 싶은 소망이 있다. 우리가 어렵게 살던 시절에는 무엇을 먹고 살 것인가 하는 문제가 가장 큰 관심사였으나, 이제는 어떻게 살아야 건강하게 살 것인가를 최우선으로 생각한다. 그렇다 보니 우리가 매일 먹고 자고 생활하는 주거공간인 집을 지을 때도 공간 활용도나 편리성에 앞서 건강에 도움이 될 수 있는 건축 자재를 찾게 된다.

인간이 아무리 발달한 기술과 기계를 사용해 개발한 건축 자재라 할지라도 사람 몸에 가장 좋은 소재는 흙이다. 이 사실은 누구도 부정하지 않으리라 생각한다. 실제로 사람의 육체를 형성하고 있는 성분을 화학적으로 분석해 보면 흙의 성분과 98% 동일하다고 한다. 결국, 건강을 위한 건축을 물색하다 보면 우리의 아버지와 할아버지가 짓고 사셨던 흙집에 대해 자연스럽게 관심이 갈 수밖에 없다.

필자가 건축업에 몸담은 지 30년이 넘었다. 직업도 직업이지만 이제 나이가 들수록 어릴 적 살았던 흙집에 대한 아련한 그리움이 밀려올 때가 종종 있다. 한 때는 볼일도 없으면서 오래 전 떠나온 고향 동네를 그저 둘러보고만 온 적도 있다. 이러한 시기에 토담집의 저자 이화종 씨로부터『토담집』이라는 책을 선물 받아 읽어보다가 흙집에 대한 관심을 가지게 되었고, 직접 이화종씨의 토담집을 방문하고 난 후에는 내 집을 꼭 흙으로 지어야겠다는 생각을 굳히게 되었다. 이후부터 나의 흙집에 대한 연구와 조사가 시작되었다. 나는 직업이 집을 짓는 사람이다. 그동안 많은 종류의 집을 지어 보았고 내가 살 집도 네 번이나 지었던 경험이 있다. 이러한 경험과 시각으로 기존의 흙집들을 관찰했을 때 흙집이 가지고 있는 문제점은 한두 가지가 아니었고, 어떻게 보면 심각하다고 할만한 하자들을 갖고 있었다. 이러한 문제점을 보완할 방법들을 생각하며 머릿속으로는 하루에도 몇 번씩 흙집을 짓고 허물었다. 그동안 시멘트집을 지으면서 습득한 경험을 접목하면서 나름대로 완벽하게 흙집을 지을 수 있다는 확신이 오기까지는 몇 년이라는 시간이 필요했다. 드디어 담틀집(담틀을 이용하여 흙다짐 공법으로 짓는 흙집)을 시작하여 4개월의 공사 끝에 집이 완성되었다. 나는 담틀집에 입주하여 살면서 그간 집을 짓는 동안 중간 중간 찍었던 사진들을 인터넷에 올리곤 했다. 그러고 나서야 나 말고도 많은 사람들이 흙집에 관심을 갖고 있음을 알게 되었다. 그때까지도 나는 흙집을 짓는 방법을 가르치는 학교가 있는 줄도 몰랐다. 인터넷에 올린 우리 집 사진을 보고 많은 이들이 시공에 관한 다양한 질문들을 해왔다. 그런데 이상하게도 흙집을 짓기 전 필자가 가장 고심했던 문제들은 막상 묻는 사람들이 없었다. 내가 고민했던 문제들은 흙집을 지으면서 반드시 해결하지 않으면 안 되는, 살면서 커다란 불편과 하자로 돌아올 부분들인데 그것에 대한 우려가 없었다. 많은 이들이 미디어를 통해 흙의 우수성만을 전해 듣고 흙을 건축자재로 사용했을 때에 발생할 수 있는 문제점은 간과하고 있던 것이다.

흙집이 사람에게 좋다는 것은 많은 사람들이 알고 있다. 그런데도 왜 흙집이 대중화되지 못하는 것일까? 이유를 찾아보면 이렇다. 옛날 흙집들은 단열이 안 되어 윗목에 둔 자리끼가 얼고, 방문이 틀어져 겨울에는 문틈에 문풍지를 붙여야 했다. 벽체는 나무 기둥과 흙벽 사이에 틈이 벌어져서 황소바람이 들어오는데, 이런 부분이 해결되지 않는다면 현대의 첨단 주거문화에 길들여진 사람들이 흙집을 짓겠는가?

집은 공예품이 아니다. 도공은 구운 항아리가 마음에 들지 않으면 깨고 다시 만들 수 있지만, 집은 그렇지 않다. 짓고 난 후 하자가 나도 아예 고칠 수 없는 부분들도 있다. 몇 년간 전국의 여러 흙집 현장들을 찾아다닌 길에는 겉으로 보기에는 멀쩡하지만, 아예 사람이 살지 않는 집들도 여럿 있었다. 막상 살아보니 힘들어 집을 두고 떠난 것이다. 너무 쉽게 생각하고 준비가 모자랐던 탓이다.

시중에 흙에 대한 전문지식을 다룬 책들이 많이 출간되어 있다. 그러나 흙집을 짓는 이야기보다는 흙 성분과 우수성에 초점을 맞춘 내용이 많고, 공사 과정을 다룬 부분도 이해가 안 가는 것들이 많아 안타까웠다. 또한 대부분의 책들이 흙집의 완공 단계까지만 쓰여 졌기 때문에 몇 년 동안 살면서 어떤 하자가 발생했는지, 하자는 어떻게 보수를 하였는지, 그 하자를 없애기 위해서 다음 집을 지을 때에는 어떤 변화를 주었는지 등 정작 중요한 내용은 빠져 있다.

물론 이 문제에 대해서는 필자 자신이 먼저 독자들에게 진심으로 사과드린다. 2006년 내가 쓴 담틀집에 대한 첫 책에는 다른 사람들이 지은 흙집과 내가 짓는 담틀집을 비교해서 담틀집의 우수성을 자랑하는 내용이 많았다. 이제 몇 년의 시간이 지난 후에 글을 다시 쓰는 이유는 다른 방식의 흙집과 비교하는 것이 아니라 세월이 흘러도 하자가 없는 완벽한 흙집을 짓는 과정을 공개하기 위함이다. 나는 일 년에 몇 채씩 지속적으로 담틀집을 지어오면서 아쉬움이 없는 흙집을 짓기 위해서 연구하고 실험하여 꾸준히 적용해 왔다. 이제 그 노력의 결과로 시멘트로 지은 집보다도 하자가 없는 흙집을 지을 수가 있다는 자신감을 얻게 되었다.

필자는 흙을 전문으로 연구하는 학자는 아니다. 하지만 현장에서 직접 흙집을 지으면서 습득한 경험과 기술을 전해 흙집을 지으려는 사람들에게 조금이라도 도움이 될 수 있으면 좋겠다. 철저히 준비할수록 시행착오를 줄일 수 있을 거란 마음으로 글을 썼다. 애초부터 책을 낼만한 지식이나 교양은 부족하지만, 나에게는 흙집에 대한 많은 이야기를 전할 일종의 의무가 있다고 느꼈다.

부디 이 책을 통해 흙집에 대한 편견과 불신이 해소되어 사람 몸에 가장 좋고 살아가는 데 쾌적한 환경을 제공하는 흙 건축이 일반화되었으면 하는 바람이다. 아무쪼록 흙집을 짓고자 하는 이들에게 티끌만큼이라도 도움이 되었으면 좋겠다.

윤 경 중

1장

흙집의 명품, 담틀집

1

집은
누구라도 지을 수 있는가?

이 질문에 대해서 나는 긍정도 부정도 하지 않는다. 어머니 뱃속에서부터 집 짓는 기술을 갖고 태어난 사람은 아무도 없다. 다시 말해 배우면 누구나 할 수 있다는 이야기다. 물론 대형 빌딩과 같이 일정 규모가 넘는 건물은 아무나 지을 수 없다. 그래서 건축법에도 건축주가 직접 시공할 수 있는 건물의 면적과 종합건설사가 시공해야 하는 건축물의 면적이 구분되어 있다.

우리가 짓고자 하는 담틀집은 건축주가 직접 시공을 할 수 있는 면적에 포함되기 때문에 본인이 지을 수 있는 실력만 있다면 직접 지어도 무방하다. 다만, 건물의 완성도를 얼마나 높일 수 있느냐가 문제다. 물론 천성적으로 벽에 못 하나 박지 못하는 사람은 전문시공자를 찾아 맡기겠지만, 본인이 어느 정도 알고 시작하는 것과 아무 것도 모르고 시작하는 것은 많은 차이가 있다는 점은 명심하자.

어떤 사람이 자기 집을 본인이 직접 지었다고 한다면, 그건 모든 공정을 손수 작업했다기보다 집짓는 과정을 관리하고 감독하여 시공하였다는 이야기다. 이를 직영공사라고 부른다. 본인은 손재주가 없더라도 시공을 감독할 수 있는 지식을 습득한다면 조적, 미장, 설비, 전기 기술 등 각 분야에 뛰어난 전문가들을 데려다가 각 공정을 이어서 진행할 수 있다.

필자도 건축을 시작한지 30년이 훨씬 넘었지만 이 분야의 학교에 다니거나 전공을 한 적이 없다. 우연한 기회에 할 수밖에 없는 형편이 되어 건축일을 시작하게 되었다. 30여 년 전, 신앙생활을 하던 한 개척교회에서 건물을 지어야 하는 일이 생겼다. 예산이 충분치 못해서 직영공사를 하게 되었고, 그 일을 뜻하지 않게 맡았다. 그 때까지 나는 집 짓는 현장 근처에도 가본 적이 없었다. 그래서 목수팀장(통상 오야지로 불리는 사람)을 만났고 그의 소개로 철근팀, 조적팀, 미장팀, 설비팀, 전기팀, 타일팀, 페인트팀 도배팀을 꾸려서 건축을 시작했다. 당시 매일 현장에 붙어 있으면서 철근 사오라면 철근 사오고 시멘트 사오라면 시멘트를 사오며 현장에서 잡부처럼 일했다. 궁금한 게 있으면 물어보고, 지어지는 과정을 직접 확인하며 그렇게 건물을 지었다. 이후 필자가 가진 나대지에 내 집을 지으면서 직업이 바뀌어 오늘에 이르게 되었다.

난 원래부터 손재주가 없는 사람이다. 그러나 일을 계속하다보니 직접 하지는 못 해도 일의 순서와 완성도를 볼 줄 아는 눈을 가지게 되었다. 내가 직접 망치를 들지는 못해도 전문가를 불러 어떻게 해달라 요구하면 되는 것이다. 손재주가 없는 이라도, 건축에 경험이 없는 이라도, 배우고 나면 원하는 담틀집을 지을 수 있다고 감히 말하고 싶다.

• 최근의 담틀집

• 최근의 담틀집

14

왜 담틀집을
흙집의 명품이라 부를까?

흙집에도 종류가 여럿 있는데 왜 하필 담틀집이어야 하는가? 흙집에 관심을 갖게 되고 내 집을 흙집으로 지으려고 생각하게 된 결정적인 계기는 이화종 씨의 담틀집을 방문한 이후부터다. 그러나 실제 담틀집으로 짓고자 작정하기까지는 쉽지 않은 결정이었다. 기존의 흙집을 찾아다니며 건축하는 사람의 시각으로 장단점과 문제점들을 체크하면서 내 나름대로 얻은 결론이 담틀집이었다.

　나는 여기에서 다른 사람이 지은 집을 평가하거나 다른 방식의 흙집을 폄하할 생각은 전혀 없다. 세상에 100% 완전한 집은 없다. 시멘트집은 시멘트집대로, 흙집은 흙집대로 각기 장단점과 특성이 있다. 단지 그동안 내가 보았던 흙집들의 단점을 보완하고 건물의 완성도를 높일 수 있는 방법이 담틀공법이라 생각했고, 집을 지으면서 습득한 경험을 접목시키기에도 담틀공법이 가장 용이했기에 담틀집을 짓기로 마음먹은 것이다. 담틀집은 현대의 콘크리트 건물을 짓는 방식으로 지어지기 때문에 공정만 알게 되면 누구나 직접 감독 시공할 수 있으며, 가용할 인력이 많은 것도 장점이다. 또한 흙집의 정취를 살리면서 아파트보다 편리하게 공간 활용을 할 수 있디. 필자가 충북 옥천에 지은 50평 담틀집에 들어간 황토의 양이 정확하게 370톤이다. 아무런 첨가물 없이 100% 황토만으로 지어도 강도나 구조상 전혀 문제될 것이 없다. 여기에 흙집의 단점인 하자를 줄이면 살면서 보수할 일도 없다.

　나는 담틀집을 짓고 담틀집에 살면서도 예전처럼 건축을 업으로 살아가는 사람이다. 집을 짓겠다고 상담을 청하는 사람들에게 본인이 직접 살 집이라면 흙집을 지으라고 권한다. 흙집이 이윤이 많이 남아서가 아니다. 실제로 흙집을 지어보면 같은 크기의 시멘트집 서너채 짓는 것보다 힘이 더 든다. 그러나 그만한 가치와 보람과 만족을 얻을 수 있는 집이 흙집이다. 내가 담틀집에 살면서 커다란 불편과 심각한 하자가 있다면 어떻게 주위 사람들에게 흙집을 지으라고 권할 수 있겠는가. 지금까지 담틀집을 지어오면서 기존의 흙집의 단점들을 보완하기 위해서 사용한 방법들과 경험을 녹여 『토담집 이렇게 지으면 된다』와 『흙집의 명품 토담집』이라는 제목으로 책을 출간했다. 이제 다시 제목을 바꾸어 출간하는 데는 이유가 있다. 대부분의 사람들은 '어떻게 흙집을 하자 없이 완벽하게 지을 수 있느냐' 하는 것보다 시공비에만 관심을 두고 기존 흙집과 비교만한다. 솔직히 담틀집을 짓는 나로서는 자존심이 상하는 일이다. 또 한 가지는 그동안 책에서는 시멘트집과 동일하게 시공되는 부분을 상세히 다루지 않았는데, 많은 독자들이 이 부분에 대한 문의를 자주 해왔기 때문이다.

건축하는 사람의 시각으로 흙집을 냉정히 판단한다면, 그 하자와 문제점들은 심각한 수준이다. 물론 흙이 좋아서 불편을 감수하면서 지내는 이들도 있겠지만, 현대의 시멘트 건물이나 목조주택에 견주어도 구조나 기능, 사후 관리 면에서 결코 뒤지지 않는 흙집을 짓고 싶었다. 이 모든 문제를 해결하기에 가장 이상적인 공법이 담틀 공법이었다.

요즘 주로 지어지는 흙집은 흙벽돌을 조적하는 방식이 많다. 벽돌 제조 성분은 그렇다 치고 벽돌을 조적할 때 쓰는 모르타르를 보면 황토 2.5포에다 운모석 2.5포, 백시멘트 1포를 혼합해서 모르타르를 만들어 쓰라고 권하는데, 이 정도의 배합 비율이면 흙 모르타르라고 부르기 어렵다. 또한 조적이 끝난 후 외부 마감으로 줄눈(메지)을 넣는데, 흙 성분이 아니라 화학 성분인 경우가 많다. 한 흙벽돌 생산업체에서 제시한 시공 방법을 보면, 흙벽돌 조적을 하면서 벽돌과 벽돌 사이에 방음과 단열을 위해서 타이벡을 필히 넣으라고 말한다. 그러나 벽 두께가 50㎝인 담틀집은 한겨울에 난방을 하지 않더라도 13도 이하로 내려가는 일이 없고, 또 이음새 없이 외벽 전체가 100% 순수한 흙으로만 시공되기 때문에 별도의 조적용 모르타르도 필요 없다. 순수 흙벽돌 한 장으로 시공되는 것과 같은 이치다.

• 지은지 50년이 넘
는 담틀집이다. 처음
부터 미장을 하지도
않았고, 처마가 짧아
서 비를 맞고 수리를
하지 않았어도 지금까
지 사용하고 있다.

건축 자재로서의
흙의 우수성

우리 선조들이 집을 지을 때 사용한 재료는 흙과 나무가 전부다. 지금처럼 건
강을 생각해서 선택한 것이 아니라, 달리 다른 자재기 없었기 때문이나. 필사
역시 어릴 적 충청도에서는 뼈대집이라 부르는, 흙과 나무로만 지은 집에서
살았다. 초등학교에 입학하기 위해 아버지 손에 이끌려 생전 처음 면 소재지
에 가게 되었는데, 거기서 이층집을 역시나 처음 보았다. 지금 생각해 보면 그
집도 시멘트 건물이 아니라 목구조에 심벽을 치고, 외벽은 지금의 사이딩처럼
송판 같은 걸 붙인 집이었다. 그 후 새마을 운동이 시작되면서 시멘트 블록과
기와를 만드는 공장들이 생기고, 집의 모습들도 바뀌어 가기 시작했다. 그런
데 이제와 다시 내가 살 집을 흙집으로 짓겠다 마음을 굳히니, 내 자신이 먼
저 확인해 보고 싶었던 것이 있었다.

첫째가 '흙으로만 지었을 때 수명은 얼마나 갈까?' 둘째는 '구조상에 안전 문제는 없는 것일까?' 그 답을 찾기 위해 누구한테 물어볼 것도 없이, 필자는 어릴 때 봐왔던 그 흙집들이 지금은 어떻게 되었나 확인해 보기로 했다.

상전벽해(桑田碧海)란 말은 우리나라 어디를 가든지 실감 가는 말이다. 지금 시골 동네에 가보면 옛날 집들의 모양새가 많이 변했다. 기존 흙집을 아예 헐어버리고, 붉은 벽돌로 조적을 한 후에 지붕을 슬래브로 마감한 집, 조적벽 위 박공에 싱글로 지붕을 마감한 집, 외국에서 들어 온 목구조에 싱글이나 기와를 얹은 집 등 다양하다. 옛날 흙집은 수리한 형태로 일부만 찾아볼 수 있다.
　　예전의 흙집들은 전부 초가지붕이라 일 년에 한번 추수가 끝나면 볏짚을 가지고 이엉을 엮어서 지붕을 교체했다. 이 작업을 '이엉을 해 일었다'고 부르기도 했다.
벽체는 몇 년에 한번 씩 흙물로 맥칠을 해 보수하기도 했다. 그 후에 새마을 운동이 시작되면서 가장 먼저 한 것이 지붕 개량 사업이다. 그도 그럴 것이 농사 몇 마지기 지어서 나오는 볏짚은 소 먹이는 여물로도 부족한데, 해마다 이엉을 엮는데 사용하고, 또 이엉을 엮기 위해선 많은 노동력이 필요했기 때문이다. 이러한 이유로 지붕 개량 사업은 급속도로 확산되고 서민들은 슬레이트로, 좀 여유가 있는 집들은 함석이나 기와로 지붕을 개량했다.

● 양동마을의 정갈한 초가집(좌)

● 초가지붕을 교체하는 작업. 김유정 생가 현장이다(우).

지금 시골에 가면 초가지붕은 전혀 볼 수 없다. 예전 집 벽체 위에 지붕만 교체한 상태에서 페인트칠을 하고 보수를 해오며 유지하고 있는 것이다. 간혹 흙벽 위에 시멘트로 미장을 하든지 아예 시멘트 블록으로 외벽을 덧쌓은 경우도 보인다.

• 지붕을 함석으로 교체한 흙집

• 흙벽은 그냥 두고 지붕만 슬레이트로 교체한 흙집

어릴 적 고향에서는 담배 농사를 짓는 농가들이 있었다. 그때 담배를 말리기 위해선 건조장이 필요했다. 흙벽돌 외벽 쌓기로 이층높이로 지었는데, 그 많은 세월이 지났는데도 아직도 건재하다. 충북 괴산에는 지은 지 80년이 넘는 흙집도 아직 그대로다.

• 나무 기둥과 흙 벽체는 그냥 두고 지붕만 교체한 집

• 시멘트 불록으로 덧쌓은 집

그 당시 돌이 흔하지 않은 지역에서는 울타리 용도의 담을 돌이 아닌 순수한 흙으로 토담을 쳐 세우기도 했는데, 아직까지도 남아 있는 곳이 있다. 물론 위에 덮인 이엉이 썩어서 비가 흘러들어가 파이기도 했지만 구조 자체에는 문제가 없고, 다만 담틀을 옮겼던 부분에 크랙이 가 있을 뿐이다.

• 오래된 담배건조장

• 지금은 다른 용도로 사용하고 있는 담배건 조장

아래 사진은 만든 지 50년이 넘는 토담인데 손으로 만져보거나 긁어보아도 시멘트보다 단단하다. 만약 오늘날 우리가 사용하고 있는 시멘트 블록으로 담을 쌓고 미장을 하지 않은 상태로 50년이 지나면 어떠할까? 이미 건축물로서의 기능은 상실했을 것이다.

• 오래된 토담

• 담틀을 이어서 토담을 친 부분은 크랙이 가기 쉽다.

• 50년이 넘는 토담

• 시멘트 블록을 사
용해 지은 창고. 지은
지 40년도 안 되었지
만, 시멘트 성분은 다
없어지고 모래만 남아
있다.

얼마 전 경주의 양동마을을 방문할 기회가 있어서 마을을 탐방하던 중 마침
흙으로 된 담장을 보수하는 한 어르신을 만났다. 그동안 필자는 담장도 처
마를 만들고 그 위에 이엉을 엮어서 두르고 상단부는 용마름(용고새)를 얹어
서 만든다고 알고 있었다. 그런데 그 어르신은 처마를 만들지 않고 소나무 가

지를 양쪽으로 내어서 처마를 대신하고 소나무 가지 가운데를 흙으로 눌러서 고정시키는 것이었다. 난 어르신에게 비가 오면 흙이 견딜 수 있냐고 물었다. 비가 오면 처음에는 고운 흙가루가 흘러내리지만 돌과 함께 굳어져 나중에는 여름 장마철에도 흙은 문제가 없단다. 그러나 일년이 지나면 오히려 소나무 가지가 삭아져 보수를 해야 한다는데, 새삼 흙의 응집력을 실감하게 되었다.

이같은 사례들을 하나하나 직접 확인하면서 필자는 담틀공법으로 흙집을 짓기로 작정했다. 단, 토담을 이어서 치는 것이 아니라 이음새 없이 한 번에 친다면 다른 어떤 건축자재보다 우수할 것이라는 확신이 생겼다.

• 울타리 추녀를 소나무 가지로 만들고 흙으로 덮는 작업

현대건축에서 사용하는 건축 자재는 당장은 멋있게 보여도 자재 자체가 가지고 있는 화학 반응에 의해서 세월이 지나면 낡고 부식한다. 시멘트는 30년 동안 양생되며 독성이 나오고, 그 후로 30년은 부식되면서 분진이 나온다고 한다. 하지만 이것도 이론에 불과할지 모른다. 지은 지 40년도 안 된 아파트가 붕괴 위험으로 주민들이 대피하는 일이 실제 벌어지고, 그 이전에 주위만 둘러보아도 재건축해야 할 아파트들이 수두룩하다.

우측의 사진은 나무 골조에 벽체는 시멘트 벽돌로 조적하고 시멘 몰탈로 미장을 한 차례 한 후에 황토페인트를 칠한 집이다. 세월이 지나면서 나무가 마르면서 벽체와의 사이가 벌어졌다. 건축 자재 중 습기에 가장 민감하게 반응하는 것이 나무다. 원목으로 방문을 만들면, 처음 설치할 때는 문틀과 정교하게 맞아도, 시간이 지나면 문짝이 뒤틀려 문이 닫히지 않는 경우가 많다.

• 나무가 마르면서 시멘트 벽과 나무 사이가 벌어졌다.

몇 번의 대패질을 해 줘야 하는데, 이마저도 여름과 겨울의 상황이 다르다.

충분히 건조된 것을 사용해도, 삶고 찌는 여러 가공을 거쳐도 나무는 변형이 오고 썩기도 한다. 광화문 새현판의 경우도 얼마 되지 않아 균열이 생겨 부실시공이 문제가 되었는데, 해당 업체에서는 나무는 필연적으로 갈라지는 것이라 주장하여 다른 업체에 의뢰해 재시공한 경우도 있었다.

불에 타거나 부패하지 않고 인체에 해도 없는 것은 건축 자재 중 흙만한 것이 없다. 흙집을 지으면서 습기와 수분 침투에 대한 방지만 철저히 한다면 흙은 오랜 세월이 가도 자연 속에서 살아 숨 쉬며 그 모습 그대로 남아 있을 것이다.

가끔 매스컴을 통해 도시에서 심각한 질병에 걸렸던 이들이 시골 흙집에 살면서 자연치유되었다는 소식을 듣는다. 지금 50대가 넘은 이들은 대부분 어릴 적 흙집에 살았을 것이다. 그때는 너도나도 어려운 시기라 영양 섭취도 제대로 못하고 위생 상태도 좋지 않았는데, 지금보다 오히려 건강하게 지냈다. 특히 요즘 어린이들이 가지고 있는 아토피나 비염 같은 질환은 모르고 자랐다. 흙은 실내습도 조절 능력이 뛰어날 뿐 아니라 공기를 정화시키고 자연스러움과 정서적인 안정감을 주는 장점이 있기 때문이다.

최근 외국의 한 연구 결과에서 기분이 우울할 때 흙장난을 하면 기분이 좋아진다고 밝혀졌다. 흙 속에 있는 수억 마리의 미생물들 중, 사람의 기분을 좋아지게 하는 미생물이 상당 부분 포함되어 있다는 것이다. 특히 황토에는 인체의 신진대사를 촉진하고 혈액 순환을 도와 고혈압을 예방하는 효과가 있고 황토 속의 효소인 프로티아제가 암이나 종기 등의 세포를 분해, 해독,

정화시켜 준다고 옛 문헌에도 기록되어 있다. 황토에서 발산되는 원적외선
은 혈액순환을 원활하게 하여 늘 몸을 따뜻하게 해주며 숙면을 도와 상쾌한
아침을 맞을 수 있다. 이러한 모든 것을 볼 때 흙을 전문으로 연구하는 이들
이 제시하는 성분 분석표를 굳이 보지 않더라도 흙이 사람이 살아가는 환경
을 가장 쾌적하게 하고 건강에 도움을 주는 물질임에는 틀림이 없다. 이러한
흙을 우리가 매일 생활하는 주택에 사용한다면 이보다 좋은 건축자재는 없을
것이다.

• 지은 지 100년이 되어가는 흙집

2장

어떤 땅에 지을까?

2

부지
선정하기

부지를 결정할 때 제일 먼저 할 일은 '지역 선정'이다. 앞으로 본인의 생활과 연계해 생각해야 하는데, 직장생활이나 사업을 하는 이라면 출퇴근 시에 소요되는 시간을 따져봐야 할 것이고, 아직 공부하는 자녀가 있다면 학교 문제와 통학 거리도 감안해야 한다. 아예 은둔 생활을 할 것이 아니라면 쇼핑이나 문화생활도 고려해 어느 한 지역을 결정하고 그 다음 주변으로 마음에 드는 부지를 찾아야 할 것이다.

이곳저곳을 기웃거리다 값이 저렴하다고 무턱대고 구입하면 투자 목적은 될지언정 진정한 집터로는 적합하지 않다. 집을 지을 부지는 첫째로 도로 접근성을 보아야 한다. 아무리 경관이 수려한 곳에 명당자리가 있어도 차로 들어갈 수 없으면 그림의 떡이다. 도로가 최소한 4m는 되어야 레미콘차가 들어갈 수 있고, 허가도 받을 수 있다. 또한 차가 들어갈 수 있는 길이 있어도 지목상 '도로'로 되어 있는지, 또 도로로 계속 사용할 때 문제가 없는지 꼭 확인해야 된다.

옛날부터 같이 살던 동네 사람들끼리 농로로 도로를 함께 쓸 때에는 별 문제가 되지 않던 것이, 외지 사람이 와서 집을 짓는다고 하면 주변에서 문제를 제기하는 경우가 있다. 이런 문제는 비포장도로만 해당되는 것이 아니고, 예전에 새마을 사업으로 포장했던 도로라면 꼭 확인해 봐야 될 일이다. 부동산 중개업소나 땅을 소개하는 이들이 지적도에 분명히 도로라고 표기가 안 된 길인데도 관습도로로 인정되어 허가받는 데 전혀 문제가 없을 거라고 이야기하는 경우가 종종 있는데, 사실 이를 해결하려면 넘어야 될 산이 많다. 실제 매입하고자 하는 부지까지 도로가 연결되어 있는지 확인하고, 도로로 쓰고 있는 지번의 지주에게 사용승낙서와 인감을 받아 허가를 받아야 하는 등 문제가 많다.

최근엔 이런 경우도 보았다. 기존 동네에 집이 세 채가 있는데, 두 채는 동네 사람이 살면서 십 수 년 전에 새로 지었고 한 채는 옛날집 그대로 남은 상태였다. 옛날집은 주인이 외지로 나간 후 몇 년째 방치되어 있다가 그 지역에 사는 공무원에게 팔렸다. 공무원은 집을 짓기 위해 건축허가를 신청했는데, 부지 진입로가 개인 소유라 지주의 사용승낙서와 인감을 첨부해야 된다며 허가가 반려되었다. 지주와 이야기를 나누고 나니, 도로로 편입해 사용하는 면적 100평을 추가로 매입해야 할 상황이었다. 같이 도로를 사용하고 있는 두 집에게 공동 구입을 제안했지만, 자신들은 이미 집을 짓고 살면서 도로를 사용하는데 구입할 필요가 없다고 냉담한 반응을 보였다. 결국 혼자 사기는 억울해 허가를 받지 못하고 집도 짓지 못했다.

누구라도 실수할 수 있는 조건이었다. 이미 도로가 3m 이상 넓이로 포장되어 있는 상태에 구옥이 있었고 땅의 지목도 대지였으니, 도로 사용까지는 생각이 미치지 못한 결과였다. 땅을 구입하기 전, 도로는 반드시 확인해 보길 거듭 권한다.

도로가 확인되었으면 도시계획확인원을 발급받아 그 땅에 본인이 짓고자 하는 목적의 건축허가를 득할 수 있는 땅인지 살펴봐야 한다. 특히 농업보호구역이나 보존임지는 농업인이나 농업시설 등 법에 정해진 건축물만 허가해주므로 주의를 요한다.

관리지역도 보존관리지역과 생산관리지역, 계획관리지역으로 나뉘는데 보존관리지역과 생산관리지역은 건폐율이 20%밖에 안 되는 점을 감안해야 된다. 확실한 것은 해당 번지의 도시계획확인원을 발급받아 허가 담당 직원을 찾아가 본인이 짓고자 하는 집의 평수와 높이 등을 자세히 제시하고 본인이 희망하는 대로 집을 지을 수 있는가 상담받는 것이 가장 확실한 방법이다.

또 한 가지는 지적평수가 넓어도 내가 짓고자 하는 건물의 폭과 길이가 충분히 들어갈 수 있는가 확인해야 한다. 이를 건물의 배치도라고 하는데, 쉽게 표현하자면 짓고자 하는 건물의 길이나 넓이가 10m라고 하면 이격거리를 감안해서 그 땅의 넓이나 폭이 최소한 12m는 되어야 한다는 이야기다. 이 넓이가 안 되는 땅은 길이가 아무리 길어도 소용이 없다.

실제로 지적평수만 믿고 땅을 샀다가 본인이 생각했던 건물을 지을 수 없어서 주변 땅을 시세보다 비싸게 사서 편입시키는 사람들을 여럿 보았다. 시청이나 군청에서 해당번지의 지적도나 임야도를 발급받아 스케일자로 재어보면 부지의 넓이나 길이를 알 수 있다.

집을 지을 부지 선정에 있어서 또 한 가지 중요한 것이 좌향(坐向)이다. 어느 방향으로 건물을 앉히냐는 것이다. 남향이 좋지만 차선책으로 동남향도

● 산세의 흐름에 따라 서북향을 바라본 동네 모습

괜찮다. 전원주택이나 흙집들이 대부분 산자락 밑에 지어지다 보니, 어느 동네는 산세의 흐름에 따라 북향을 바라보는 집들도 있다. 서향이나 북향은 피할 수만 있다면 피하는 것이 좋다. 내가 사는 곳 근처에도 동네 이름이 아예 '응달말(응달이 지는 마을)'이라고 하는 곳이 있고, 반대로 '양지말(볕이 좋은 마을)'도 있다.

수도권에서는 전원주택지로 양평이 꾸준히 각광 받고 있다. 서울에서 가깝고 자연풍광이 좋아서인데 가장 큰 이유는 남한강이 흐르기 때문이다. 서울에서도 한강이 보이는 아파트는 상대적으로 값이 비싸다. 그만큼 조망권이 중요하다. 집터 고르는 조건에 보면 배산임수(背山臨水)가 중시되는데, 산을 집 뒤로 두고 앞에 물이 흐르는 넓은 들을 형성한 곳을 이르는 말이다. 우리나라 국토의 대부분이 산이지만 최근에 계획된 신도시지역 외에는 대부분의 자연부락이 산 밑에 형성되어 있다. 그만큼 배산(背山)을 중시하다보니 산을 사이에 두고 한쪽은 '응달말'이 생기고 다른 한쪽은 '양지말'이 있는 것이다.

• 북향을 바라보았기에 동네 이름이 '응달말'이다.

서울에서 양평을 가려면 2개의 코스가 있는데 1코스는 구리를 지나서 덕소를 거쳐 양수리로 가는 방법과 2코스는 중부고속도로 경안IC에서 퇴촌 방향으로 가는 길이다. 1코스에서 양서면이나 옥천면은 배산(背山)을 하면 남향이 나오지만 2코스의 강하면이나 강상면에서는 배산(背山)을 하면 북향을 바라볼 수밖에 없다. 남한강을 사이에 두고 한쪽은 남향집이 가능하지만 반대편은 북향을 바라 볼 수밖에 없다. 그만큼 풍수지리설에서 중요하게 생각하는 배산임수(背山臨水)에 좌청룡(左靑龍) 우백호(右白虎) 남쪽에 주작(朱雀) 북쪽에 현무(玄武)가 있는 길지를 찾기란 결코 쉬운 일이 아니다.

길이 필요 없고 동네에서 멀리 떨어져도 상관없는 산소 자리도 찾기 어려운데, 사람이 살 수 있는 조건의 길지를 찾기는 정말 까다로운 일이다. 지나치게 풍수지리에 의존하다 보면 집을 짓기도 전에 지쳐서 포기할 것이다. 실제로 노후에 전원주택을 짓고자 부지를 찾는 이들의 고충을 들어보면 적당한 장소에 원하는 평수에다 동향이나 남향 정도의 조건을 갖춘 부지를 찾기 위해 몇 년을 돌아다니는 일이 많다고 한다.

배산(背山)을 하고 집을 짓다보면 경사가 있기 마련이다. 웬만한 경사는 전원주택에 있어서 평지보다도 장점으로 작용한다. 이후에 집 앞으로 다른 집이 지어져도 조망권이 침해될 염려가 없기 때문이다. 참고로 필자의 집은 땅의 경사가 15도 정도나 되고, 다른 곳에서 개발했던 부지도 비슷했는데, 큰 문제가 없었다. 다만 경사가 심하면 땅값은 싸겠지만, 토목공사비가 적잖게 들어갈 수 있음을 염두에 두어야 한다. 최근에는 지자체마다 경사도를 제한하는 곳이 있으므로 이 문제도 사전에 확인해보아야 한다.

경사를 개발할 때는 한 가지 고려할 사항이 있다. 부지의 경사를 극복하기 위해 구조물을 설치하고 높은 곳의 흙을 낮은 곳으로 성토하는 공사를 해야 할 경우, 본채가 세워질 위치까지 흙을 채워야 하는 부지는 피해야 한다. 집을 지으려는 이들이 대부분 경관을 먼저 생각하다 보니 물가나 계곡을 찾게 되는 경우가 많은데, 근래에는 게릴라성 호우나 기상 이변도 감안해서 물이 모여들 수 있는 낮은 곳이나 계곡과 습지, 반대로 팔풍받이(산등성이처럼 팔방에서

• 경사지를 이용해 개발된 전원주택지

오는 바람을 다 맞는 곳)는 피해야 할 장소다.

특별히 구거(도랑)나 하천 부지가 인접해 있는 필지는 경계선 확인도 필수다. 하천은 오랫동안 물이 흐르면서 물의 흐름에 따라 주변 지형이 바뀐 곳이 많다. 그래서 기존 번지에 실제로 하천이 흐르거나 하천 번지에 농사를 지으면서도 농사짓는 그곳을 자기 땅으로 알고 있는 이들이 의외로 많다. 각 사람마다 취향이 다르고 또 풍수지리에 대한 관점이 다르겠지만, 이중환의『택리지』에 나오는 집터 고르는 조건을 보면 '이미 옛사람들이 마을을 형성했거나 묘지나 옛날 세도가들의 고택이 들어 있는 곳'이 대부분이며 풍수를 모르는 이가 보더라도 주택지로서 좋겠다고 생각되는 터는 미군이나 군(軍) 부대가 주둔하고 있는 것을 알아챌 수 있다.

『택리지 복거총론』을 보면 '지리(地理)'와 '생리(生利)'와 '인심(人心)'과 '산수(山水)'를 가장 중요하게 다루고 있지만 지금과 이치가 다 맞을 수는 없다. 몇 백 년 전 걸어 다니던 시절에 중시했던 지리가 오늘날 자동차를 타고 고속

도로를 달리면서 판단하는 지리와 같을 수 없고, 그 당시처럼 논에 벼 한말을 파종했을 때의 수확량, 밭에서 나는 목화 수확량을 기준으로 생리(生利)를 판단하는 것도 요즘과는 다를 것이다. 그러니 예전 풍수지리의 기준에만 의거해 명당을 찾고 길지와 흉지를 구분하기보다 명당이라고 하는 부지의 기본적인 조건만 감안해서 땅을 찾는 것이 바람직할 것이다.

선인(先人)들이 오랫동안 살아오면서 체득한 경험은 어떤 사상이나 학문보다 중요하다. 풍수지리설도 선인(先人)들의 오랜 경험과 상식, 자연의 이치를 체계적으로 정립한 사상일 것이다. 그러나 이러한 이치를 보는 눈은 사람들마다 어느 정도 자연스럽게 갖고 있다.

예를 들면 풍수지리설에 북고남저(北高南低 : 북쪽이 높고 남쪽이 낮은 터)에서는 가축이 잘되고 집안에 영웅호걸이 나오는 길지로 분류하고 반대의 경우, 즉 남고북저(南高北低)형의 터는 흉지로 분류된다. 풍수지리를 전혀 모르는 사람이라도 집터를 선정할 때 뒤쪽이 높고 앞쪽이 낮은 곳에 마음이 갈 것이다. 그래야만 물이 고이지 않고 배수가 잘 될 것이기 때문이다. 앞에서 언급했지만 배산(背山)을 하면 산의 높이나 능선의 높이에 따라서 경사가 나오게 되는데, 누구라도 집을 지을 적에 여건이 갖추어져 있다면 남향으로 집을 앉힐 것이다. 이는 누구에게나 통하는 상식이다. 이러한 상식으로 남향집을 지으면 풍수지리설에서 길지로 분류하는 북고남저(北高南低)의 조건을 충족시킨 셈이다. 서고동저(西高東低)의 조건도 배산(背山)을 하고 동향집을 지으면 자연스럽게 만족시키는데, 우리네 대부분이 알고 있는 상식들이 풍수지리설과 일치한다. 그러니 지나치게 풍수지리설에서 권하는 길지를 찾아 방방곡곡을 찾아다니는 수고는 하지 않는 것이 좋을 것이다. 서북방향은 산이 막혀 겨울에 찬바람을 막아주고 동남향이 트인 곳과 능선이 길고 경사도가 완만하여 해가 오래 머무는 밝은 곳이 좋으며, 부지의 뒤쪽이 약간 높고 앞쪽이 낮은 곳이면 좋은 부지가 된다. 집은 남향으로 짓고 대문은 동쪽으로 낼 수 있는 집터는 삼대(三代)가 적선을 해야만 얻을 수 있다고 하니 남향집 짓기도 쉬운 일은 아니다.

부지를 선정할 때 또 중요한 것이 전기 공급이다. 선정한 부지에서 200m 이내에 한국전력 전신주가 있으면 기본설치비 18만400원만 내면 전력을 공급받을 수 있지만, 그 이상이 되면 공사비가 1m마다 부가세 포함 4만2,900원이다. 땅을 잘못 매입하면 땅값보다 전력공급비가 더 들 수도 있다.

전화도 40m까지는 기본 설치비만 내면 되지만 그 이상은 본인 부담의 공사비가 청구되는데, 전주를 4개 세울 때까지는 1주에 11만원이지만 그 이상일 때는 1주당 56만원의 공사비가 청구된다.

상수도가 없는 지역이라면 지하수를 개발했을 때 물이 나오는지도 확인해야 한다. 또 사람이 생활을 하면 생활폐수가 나오게 되는데, 이를 어떻게 배출할 것인가 하는 대책도 포함시켜야 한다. 이상의 조건들을 염두에 두고 부지를 선정하면 크게 후회할 일은 없을 것이다.

부지가 마음에 들면 반드시 등기부등본을 본인이 직접 발급받아(발급날짜가 오래된 것은 의미가 없음) 확인하여 권리 관계와 지상권, 근저당권 등을 확인하고 토지대장도 발급받아 등기권리증과 면적이 일치하는지 확인한 후에 계약을 체결해야 한다. 가급적이면 계약은 허가된 부동산 업소에서 공인중개사에 의뢰하는 것이 좋다. 특히 계약을 체결하는 상대방 매도자의 주민등록증을 확인하여 등기권리증에 기재된 본인과 일치하는지 보고, 만약 다른 사람이면 등기권리자의 위임용 인감과 위임장을 소지한 사람과 계약을 체결해야 한다.

건축법상 도로란?

건축법상의 도로라 함은 건축법 제2조 제11호의 규정에 의하여
보행 및 자동차 통행이 가능한 넓이4m 이상의 도로로서 도시계획
법 도로법 시·도 법 및 기타 관계법령에 의하여 신설 또는 변경에
관한 고시가 된 도로와 건축허가 또는 신고 시 시장·군수·구청장
이 그 위치를 지정한 도로를 말한다.

이는 건축물의 건축 이후 건축물에 거주하는 자가 해당 건축물의
이용에 불편함이 없어야 함은 물론 화재 재난 등의 발생 시 차량
의 진입 등에 지장이 없도록 하여 건축물의 안전 기능 향상과 공공
복리의 증진에 이바지하고자 하는 건축법의 목적에 부합하기 위한
것이다.

경계측량

땅을 계약하기 전에 경계를 알면 좋겠지만 그럴 수가 없으니 대부분 부동산 중개인이나 지주의 말만 믿고 계약을 체결한 이후 경계측량을 하게 된다. 이때 난감한 일을 당할 때가 있다. 필자 역시도 아는 사람과 계약을 체결하고 지적도를 가지고 전체 단지의 계획을 잡고 난 후에 경계측량에 들어갔는데, 지적 경계점 상당 부분이 인근 군부대 철책 안으로 들어가 있었다. 해약할 수 있는 상황도 아니어서 군부대와 여러 번 접촉 끝에 철조망을 철거하고 땅을 되찾고, 철거한 철조망 대신 부대 담장을 직접 쌓아준 적이 있다. 이 외에도 다른 여러 사람들이 낭패를 보는 경우를 여러 번 봤다.

계약을 하기 전에 지적도를 들고 지적경계와 실제 땅 모양을 직접 확인해 보는 것이 중요하다. 여하튼 건축을 하려면 반드시 경계측량을 하여 주변 땅과의 확실한 경계를 알고 난 후에야 건물 배치도를 그릴 수 있고, 집을 짓고 난 후에 준공을 받으려면 반드시 건물 현황도를 첨부해야 한다. 이 서류는 남의 경계를 침범하지 않고 허가받은 필지에 적법한 위치에 건물이 세워졌는지 확인하는 서류다.

경계측량은 시청과 구청의 민원실에 가서 대한지적공사 창구에서 필지 주소를 확인시켜 주고 측량을 신청하면 된다. 측량비는 면적에 따라 다르다. 측량이 접수되면 측량비를 납부할 수 있는 무통장 입금표를 주는데, 이를 금융기관에 납부하고 입금표를 담당 직원에게 갖다 주면 측량 날짜를 지정해 준다. 연락 받을 수 있는 본인의 전화번호를 기입하면 측량 날짜에 전화로 시간을 알려주는데, 그 시간에 맞춰 현장에 나가면 된다.

이때 철근 말뚝과 빨간색 스프레이를 준비하면 좋다. 지적 경계점을 표시하는 말뚝의 재질이 나무이기 때문에 돌이나 단단한 땅에는 잘 박히지가 않는다. 말뚝을 박을 수 없는 곳은 스프레이로 뿌리면 된다. 도로 위 같이 스프레이가 지워지기 쉬운 곳은 지적도상의 경계점과 움직이지 않는 주위의 물체, 즉 전봇대나 건물과의 거리를 숫자로 지적도에 기입하여 놓는다. 이렇게 숫자로 표시해 놓으면 나중에 토목공사를 하다가 말뚝이 훼손되어도 경계점을 쉽게 찾을 수 있다. 이건 측량을 많이 해 본 사람들의 요령이다.

우물 파기

전원주택이나 담틀집을 짓는 곳은 대부분 상수도가 없어 우물을 파서 식수를 해결해야 된다. 엄밀히 따지자면 부지 선정을 할 때부터 이 문제를 깊이 생각해야 한다. 내가 집을 짓고 살 땅에 수맥이 없어서 물이 나오지 않는다면 큰 낭패가 아닐 수 없다. 또 한 가지는 하수 처리다. 살면서 물을 쓰게 되면 생활하수가 나오는데, 앞으로는 이를 배출하는 것도 신경써야 한다. 내 땅에서 직접 하천이나 배수로까지 연결되지 않고, 남의 땅을 통과해서 나가야 한다면 이 또한 문제가 된다.

우물을 파거나 집을 앉힐 때는 수맥을 점검해야 한다. 이 분야의 전문가들이 있지만 조금만 노력하면 누구나 수맥을 찾을 수 있다. 우선 의료용 기구를 파는 곳에 가서 펜듈럼^(수맥 방지용 추)을 구입한다. 펜듈럼은 수맥의 방향 보다는 수량을 측정하기에 적당하다. 펜듈럼을 엄지와 검지 사이의 손가락으로 가볍게 잡고 우물을 파고 싶은 위치로 이동한다. 그 지점에 이르러 마음속의 잡념을 버리고 '이 밑에 수맥이 있으면 펜듈럼이 흔들릴 것이다'라는 생각

• 펜듈럼

을 갖고 기다리면 수량에 따라 힘차게 또는 약하게 추가 움직인다. 단번에 되는 것은 아니라 반복하고 연습도 많이 하다보면 수량에 따라서 추를 땅 밑에서 잡아당기는 느낌이 들 때도 있다. 몇 번의 반복된 작업을 통해 수량을 측정하여 물이 많은 장소를 정해 지하수를 파면 된다.

• 펜듈럼으로 수량을 측정한다.

지하수는 소공이든 대공이든 신고를 하거나 허가를 받아야만 팔 수 있고, 파고 난 후 준공검사도 받아야 한다. 농지전용 허가증을 복사하여 우물 파는 업체에 의뢰하면 되는데, 비용은 지방과 현장 여건에 따라 약간씩 다르다. 가정용 소공의 경우 150만~200만원 정도이고 대공은 천만원이 훌쩍 넘기도 한다. 간혹 대공을 판다고 하면 이웃들이 주위의 관정들이 다 마를 것이라며 반대하는 경우가 있다. 대공이든 소공이든 물이 외부로 유출되지 않고, 사용할 물의 양은 동일하기 때문에 이상이 없음을 설득해 양해를 얻어야 할 것이다. 한편 소공을 파면서 물의 양이 적으면 수압이 약해서 집 안에서 물을 쓰기가 불편하다. 이때는 물탱크를 묻어서 문제를 해결해야 한다.

● 대공을 파는 현장. 장마기를 피해 갈수기에 파는 것이 좋다.

● 대공을 판 후 설치하는 작업(좌)
● 모터실은 겨울에 얼지 않도록 단열을 철저히 한다(우).

지하수는 모터실을 설치해야 준공을 받을 수 있다. 모터실은 겨울에 얼지 않도록 철저하게 단열해야 한다. 모터실에서 집안으로 들어가는 배관도 겨울에 얼지 않도록 되도록 깊게 묻어주고, 나중을 생각해 반드시 예비 파이프를 하나 더 묻어 두는 것이 좋다.

수맥 찾기

집터 밑으로 지하수가 아닌 수맥이 흐른다면 기분이 좋을 리가 없다. 수맥이 집터 밑으로 흐른다면 피할 수만 있으면 장소를 옮기되, 옮길 수 없는 장소라면 위에서 차단하는 방법을 강구해야 할 것이다. 수맥이 흐르는 방향을 탐지하는 데는 아래 사진과 같은 엘로드를 사용한다.

● 엘로드를 이용해 수맥이 지나가는 자리를 알아본다.

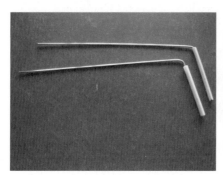 

엘로드는 만드는 방법이 간단하다. 공구 상에 가서 신주 용접봉 두 개를 구입하여 손잡이 부분을 각이 80도 정도 되도록 구부리고 그 위에 둥그런 볼펜 껍데기를 끼운다. 신주뿐만 아니라 구리로 사용해도 무방하다.

수맥 탐지 방법은 엘로드를 양손에 가볍게 쥐고 온몸의 힘을 빼고 마음의 잡념을 버린다. 천천히 앞으로 뒤로 옆으로 움직이다 보면 수맥이 흐르는 지점에서 엘로드가 양쪽으로 움직인다. 이 또한 반복적인 훈련과 연습이 필요하다. 장소를 대각선 방향으로 움직여보면 수맥의 흐름을 확실히 알 수 있다. 집 지을 위치를 관통한다면 위치를 옮기든지 아니면 기초 밑에서 차단할 대책을 세워야 한다. 100% 차단은 어렵고 동판을 깔면 상당 부분 약화시킬 수 있다고 한다.

임시
전기 설치

- 전주의 고유번호 (좌)
- 임시전기를 설치하는 모습(우)

집을 지으려면 많은 공구들이 사용된다. 요즘 공구들은 대부분 전기를 사용하기 때문에 집 지을 동안에만 쓸 수 있는 임시전기가 필요하다. 임시 전기는 농지전용허가증 사본과 부지에서 가장 가까운 곳의 전주 고유번호를 적어서 한전에 신청하면 된다. 이때 예치금 30만원과 나중에 임시 전기요금을 정산하고 남은 금액을 돌려받을 수 있는 건축주 통장 사본도 지참한다.

3장

토목 공사와 설계 도면

3

경사진 땅에
집짓기

집을 지을 부지에 경사가 없다면 다행이겠지만 대부분의 주택지에는 경사가 있기 마련이다. 또 평평한 부지라도 인접 땅과의 경계 부분을 처리하기 위해 토목공사가 필요하다. 토목공사는 규모가 크든 작든 지목이 대지가 아니면 반드시 허가를 받아야 한다. 경계측량을 하여 지적 경계선을 확실히 알고 난 후에 시작할 일이다. 공사의 규모가 크면 토목 설계를 통해 흙의 반출량이나 반입양을 계산하고 석축이나 옹벽의 높이와 두께도 계산하여 전문업체에게 시공을 맡기는 것이 바람직하다. 그런데 부지면적이 300평 이내로 본인 집 한 채 지을 정도라면 직접 해 볼 만도 하다.

먼저 부지의 경사도를 알아야 한다. 건물의 전면 방향과 지적 경계선, 건물 후면 방향의 지적 경계선의 높이 차이를 레벨기를 이용해 측정하면 부지 경사 높이를 알 수 있다. 이 방법이 어렵다면 설계사무실에 종단과 횡단의 레벨을 표시해달라고 부탁하면 자세한 파악이 가능하다. 높이를 알았으면 높은 면을 낮추어서 낮은 면을 성토할 것인지, 흙을 반입해서 낮은 면만을 성토할 것인지를 정하는데, 이 결정은 현장 여건에 따라야 한다. 또 성토할 낮은 면을 옹벽으로 시공할 것인지 석축으로 할 것인지도 결정해야 한다. 전원주택이나 흙집에서는 토목공사를 할 때 아예 조경석으로 쌓으면 토목과 조경을 함께 할 수 있어 이롭다. 조경석을 쌓는 기능공은 주변에 포크레인을 임대해

주는 사무실에 부탁하면 찾을 수 있다. 기능공에게 현장을 보여주고 본인의 계획과 의도를 전달해 공사에 반영토록 하고, 함께 의논해 현장 여건에 가장 적합한 방식을 찾는다. 참고로 기능공의 노임은 일당 20만원 정도이며, 조공은 12만원 정도다.

토목공사에서 주의할 점이 있다. 대부분의 부지가 뒷면은 높고 앞면은 낮은데, 경사가 심하면 어쩔 수 없지만 가능하면 뒷면을 절토하지 말아야 한다는 것이다. 뒷면을 절토하면 뒤쪽에 반드시 법면(경사면)이 나오게 되고, 이 법면을 처리하다 보면 부지면적은 줄어들고 집 뒤편이 답답해지는 경향이 있기 때문이다.

• 부지의 높은 부분을 절토하여 낮은 부분을 성토하는 작업

사진의 현장은 부지 높이의 차이가 8미터가 넘는 곳이었다. 낮은 곳만을 성토하자면 석축의 높이가 8미터가 되고 상당한 양의 흙을 반입해야 되기 때문에 높은 면을 4미터 절토하고 낮은 면을 4미터 성토하는 현장이다.

토목공사는 현장마다 조건이 다르기 때문에 교과서적인 방법을 제시하긴 어렵다. 조경석으로 쌓으면 부지 면적이 다소 줄어드는 단점도 있다. 그래서 최근에는 옹벽이나 보강토 블록으로 시공하는 곳도 많다.

• 조경석 쌓기로 토목과 조경을 병행하여 진행한 현장

• 기존의 옹벽 위에 보강토 블록으로 덧쌓는 현장

위 사진은 기존의 시멘트 옹벽 위에 보강토로 시공하는 현장이다. 부지를 매입할 때 이미 시멘트 옹벽이 설치되어 있었는데, 건축주가 부지를 2.5미터 성토했기 때문에 옹벽공사가 더 필요해졌다. 이미 설치된 시멘트 옹벽 위에 이어서 옹벽을 치기에는 문제가 있어서 보강토를 사용하였다.

또 다른 현장은 아주 특수한 경우로 건축주가 부지를 구입할 때 이미 상당한 면적의 부지가 하천에 잠식되어 있었다. 부지의 길이가 21미터 정도 되었는데, 이중 3~4미터가 물에 잠겨 있었다. 하천에는 이미 U자형 수로가 설치되어 있었고 이 수로 위에 석축이 2.5미터 쌓여 있는 부지를 매입한 것이다. 건축주는 그 위에 다시 1.5미터 석축을 쌓아 부지를 조성하고 필자에게 건축을 의뢰했다.

결국 고심 끝에 하천 건너에 H빔으로 기둥을 세우고 슬러브를 친 후, 그 위에 흙을 덮어 마당과 높이를 맞춰 토목공사를 하였다. 하천에 잠식되어 마당 끝이 낭떠러지가 된 상태에서 위험도 없어지고 경관도 좋아져 건축주가 매우 만족해했던 기억이 있다.

• H 빔으로 토목공사를 한 현장

• H 빔으로 토목공사
를 한 현장

담틀집에
적합한 흙 고르기

담틀집을 짓는 주재료는 흙이다. 우리가 통상적으로 50평 규모의 담틀집을 짓는데 들어가는 흙의 양은 무게로 350t 가량으로, 현장을 보지 않은 이라면 믿어지지가 않을 것이다. 흙집을 짓는다고 하면 많은 사람들이 당연히 황토집을 떠올리지만, 나는 처음에는 흙을 구분하지 않고 현장에서 얻을 수 있는 흙을 사용하는 것을 원칙으로 하였다. 하지만 계속해서 집을 짓다 보니 대부분의 현장 흙이 토담을 치는데 적합하지 않아서 외부에서 흙을 구할 수밖에 없었다. 외부에서 황토를 실어다가 토담을 치어보니 건조되고 난 후 일반 흙과 비교가 되지 않을 정도로 강도나 점력이 우수해 이후로는 오직 황토로만 토담을 치기 시작했다.

필자는 토담집을 짓는 사람이다. 흙 성분을 연구하는 사람도 아니고 황토 예찬론자도 아니었기에 황토의 성분과 효능엔 관심이 없었고 어떤 흙으로 토담을 쳐야 하자를 줄이고 강도를 높일 수 있느냐가 최대 관심사였다. 때문에 지난번 책에서는 굳이 황토를 언급하지 않았다. 시중에 나와 있는 황토 제품의 광고 속에 나와 있는 성분이나 효능은 황토를 상업적으로 이용하려고 하는 장사꾼들이 강조하는 이야기 정도로만 생각하였다. 물론 동의보감이나 본초강목 왕실 양명술에 황토의 효능과 이용방법이 자세히 나와 있다. 또한 민간에서 구전으로 전해오는 황토의 효능을 다 집대성하면 황토는 만병통치약 수준에 이르지만 지식으로 아는 것은 지식일 뿐이다. 내가 체험하지 못했고 내가 연구한 것이 아니었기 때문에 황토에 대한 이야기는 언급하지 않았던 것이다. 그러나 이제 와서 황토를 언급하는 것은 황토집에 사는 이들과 또 주변에서 황토의 효능을 체험한 이들을 직접 여럿 보았기 때문이다. 황토의 효능에 대해서는 뒷장에서 조금 더 알아보기로 하고 여기에서는 토담을 치기에 적합한 흙은 어떤 흙인지를 먼저 이야기해 본다.

흙의 색깔로 보면 붉은색이나 누런색을 띠면 황토라 할 수 있다. 그렇다고 모든 흙이 토담치기에 적당한 것은 아니다. 돌이 너무 많이 섞여 있다든지 모래가 너무 많으면 다짐이 잘 되지 않고, 다짐 후에도 점력이 부족하여 강도가 나오지 않는다. 반대로 점토질이 높은 흙은 다짐을 하고 난 후에 갈라짐이 심하기 때문에 점토질과 모래가 적당히 섞여 있는 것이 좋다.

그 비율이 딱히 얼마라고 성분표를 제시할 수는 없지만 점토와 모래의 비율이 5 : 5 정도면 적당한 것 같다. 여기서 말하는 모래 비율은 보통의 흙을 말하는데, 일반 흙을 정밀하게 분석하면 모래성분이 상당히 함유되어 있다. 예컨대 일반 흙을 침전시켜서 정밀하게 분석하면 모래 성분이 점토 성분보다 많을 때도 있다. 참고로 산을 파는 현장에 가보면 붉은색의 황토가 나오는 지점이 있다. 굵은 모래가 많이 섞여 있으며, 붉은 마사토이지만 모래가 적고 점토질이 많은 적황토가 토담용으로 가장 좋은 흙이다. 만약 흙은 좋은데 점토질이 강하다면 마사토를 배합해서 사용하면 된다. 지방마다 다를 수도 있지만 적황토속에 비사(번쩍거리는 돌비늘)가 섞여 있는 흙은 점력과 강도가 약해서 토담용으로 사용할 수 없다. 황토산에서도 겉흙(표토)은 낙엽과 먼지, 농약 등으로 오염된 상태일 수 있으므로 겉은 걷어 내고 심토만 사용하는 것이 좋다.

● 겉흙은 걷어내고 심토만 사용한다.

흙집은
싼 집이 아니다

흙집을 짓고자 하는 이들 중 단지 흙집이 좋아서라기 보다 값싼 집을 찾다가 흙집으로 마음이 기운 사람도 종종 있다. 물론 집이란 어떤 재료로 마감하느냐에 따라 가격이 천차만별이겠지만, 흙집을 하자 없이 편리하게 사용할 수 있도록 마감하려면 흙집은 결코 싼 집이 아니다. 종종 인터넷에 작은 크기의 흙집을 본인과 가족의 힘으로 지은 사례가 나오고, 그 건축비가 공개되어 공감을 사기도 하는데, 이런 스타일의 집이 현대인들의 다양한 욕구를 충족시켜주긴 어렵다.

모든 사람들이 공감할 수 있는 안전한 구조, 왜소하지 않고 초라하지 않으면서도 아파트와 같은 편리한 공간 구성, 전망과 단열, 방음까지 완벽히 잡은 흙집을 지으려면 당연히 일반 건축물보다 공사비가 더 많이 들어간다. 막상 지으면서 신경 써야할 부분이 많아서 같은 크기의 시멘트집 보다 몇 배의 노력과 수고가 따르게 된다. 일례로 필자가 충북 옥천에 지은 황토집은 집터 주변의 흙이 전부 돌이 많은 검은 흙이라 보은에 직접 가서 적합한 흙을 구해 왔다. 25톤 덤프트럭 4대와 6W 포크레인 2대를 임대해서 흙 14차를 현장까지 운반하여 야적하는데, 460만원이 들었다. 이 비용으로 적벽돌을 산다고 하면 같은 크기의 다른 종류의 집 2채를 지을 수 있는 양이다.

또 한 가지 중요한 것은 비용도 비용이지만 좋은 흙 구하기가 쉽지 않다는 점이다. 기존에 생산된 자재는 전화만 하면 언제든지 물량 확보가 가능하지만 토담치기에 알맞은 흙은 가격을 떠나서 찾기가 쉽지 않다. 그래서 평소에 길을 가다가도 토목공사를 하는 현장이 있으면 그냥 지나치지를 못하고 꼭 흙을 쳐다보게 되고, 좋은 흙이라면 욕심을 낸다.

앞으로 재료와 공정을 자세히 소개하겠지만, 싼 집을 짓겠다는 생각은 접고 인체에 가장 좋고 자연 환경에 가장 조화로운 집을 짓는다는 자긍심으로 시작해야 할 것이다.

● 산을 파내는 현장.
토담용으로 쓸 수 있
는 흙은 얼마 안 된다.

● 고풍스러운 토담집
의 거실

건물 기초의
종류

철근 콘크리트로 2층 이내의 일반 주거용 건물을 짓기 위해서 설계사에게 도면을 의뢰하면 특별히 주문을 하지 않더라고 대개 한수이북 지방에서는 기초를 140㎝ 파고 건물의 하중을 많이 받는 부분에 방석을 앉히도록 그림을 그려준다. 이 경우 방석의 너비는 120㎝, 길이는 100㎝ 크기의 면적에 두께 20㎝를 잡석 다짐하고 그 위에 버림 콘크리트를 5㎝ 두께로 친다. 그 위에 규정대로 철근을 엮고 두께 40㎝의 콘크리트^(방석)를 앉히고 방석과 방석 사이를 두께 20㎝의 콘크리트 옹벽으로 연결하여 레미콘을 타설한다. 양생이 끝나면 거푸집을 제거하고 건물 바닥면을 고른 후 PE필름^(비닐)을 깔고 성토 다짐을 한 후, 50㎜ 스티로폼을 깐다. 여기에 상부 근과 하부 근으로 나누어 철근을 엮어서 20㎝ 두께의 매트 콘크리트를 타설하도록 설계가 나올 것이다. 이러한 시공 방식이 방석 줄기초이다.

이 외에도 버림 콘크리트를 하고 그 위에 줄기초가 지나가는 곳마다 너비 50㎝, 두께 20㎝의 레미콘을 타설한 후에 줄기초를 하는 방식과 위에 방식들을 생략하고 버림 콘크리트위에 줄기초를 하는 방식도 있다.

이렇게 복잡한 기초에 대해 언급하는 이유는 위에 말한 방식은 선택이 아니라 기본이기 때문이다. 어떤 이들은 흙집의 기초는 아무렇게나 해도 되는 것처럼 말하는데, 원형 구조에 적은 평수의 흙집이면 모르겠지만, 조금만 큰 면적의 흙집이라면 건물 기초의 기능은 강화할수록 좋다. 앞서 언급했듯이 건물의 기초는 건물의 수명이 다 할 때까지 수리나 리모델링이 불가능하다. 우리 전통 방식의 구옥들을 보면 간혹 기울어진 집을 볼 수 있는데, 그 집의 주인장들을 만나보면 다들 지붕 무게 때문이라고 말을 한다. 그러나 정작 기초 부분에서 문제가 발생한 것이 대부분이었다.

옛날 보통 평민들이 **뼈대집**^(심벽집)을 지을 때는 지금처럼 땅을 파서 기초를 만들지 않았다. 집터를 다질 때면 평지에 줄을 집의 면적보다 더 외곽으로 표시해 놓고 여럿이 가래로 주변의 흙을 긁어모으고 흙이 모자라면 지게로 져 다가 집터를 주변보다 60㎝ 정도 높게 성토했다. 그 다음 볏집으로 밧줄을 꼬아서 큰 돌^(지짐돌)을 묶는데^(집터 다지는 큰 돌은 몇 동네에 하나를 두고 서로 빌려 썼다고 한다) 이 때 밧줄을 여섯 가닥 정도를 만들어서 한 가닥에 적어도 3명 정도가 잡을 수 있도록 줄을 만들어 놓고 동네 사람들을 다 모았다. 낮에는 다 모이기가 어려워서 대개 저녁을 먹고 난 후 동네 남정네들이 모여 솜방망이 횃불을 들고 집터 다지기를 했다. 얼마나 흥이 나고 신이 나는지, 동네에서 소리도 잘하고 덕담을 잘하는 어른이 먼저 추임새를 넣으면 모든 사람들이 합창을 하는데, 가사는 지방마다 다르다.

필자의 고향에서는 어떤 정해진 가사가 있는 것이 아니라 덕담을 몇 마디로 나누어서 추임새를 넣으면 모든 사람들은 합창으로 "의－여－렁차－나" 하면서 힘을 모아서 밧줄을 당겨 돌을 솟구치게 들었다가 놓았다. "이 집을 지으면 자손만대에 영화를 누리고" 라는 덕담을 세 마디로 나누어서 추임새를 넣으면 줄을 잡은 모든 사람들은 "의－여－렁차－나" 하면서 힘을 모아서 줄을 당긴다. 순간 돌이 1m 정도는 솟구친다. 추임새가 얼른 생각나지 않을 때면 "발 조심하구요" 또는 "번쩍 들어서" 라는 말을 하기도 한다. 그럼 줄을 잡은 사람들이 여기에 맞춰 합창을 하며 집터 다지기를 이어 간다.

지금도 그때의 신나고 흥겨웠던 기억이 아련하다. 줄을 잡은 장정들은 열대여섯 명이지만 동네 꼬마들이 남은 끝줄에 매달려 서로 잡아 보려고 아우성치던 모습이 생각난다. 나 역시 어른들한테도 혼이 나면서도 그 속에 섞여 있었다. 집주인이 마련해 온 막걸리와 수수팥떡을 온 동네 사람이 함께 먹고 즐기며 축제의 장이 되는 날이었다.

이때 목수는 주춧돌이 들어갈 위치를 표시해 놓고 그곳은 다른 곳보다 더 신경 써서 다졌다. 이튿날 이 자리를 파고 돌덩이나 숯가루를 넣고 주춧돌을 그 위에 올려 기둥을 세운다. 이렇게 만든 기초는 겨울에 흙이 얼었다 봄에는 녹기를 반복하면서 어느 한 곳의 주춧돌이 주저앉는 일이 생긴다. 이때 어른들이 작기를 빌려다가 가라앉은 기둥을 올리는 작업을 하는 것을 종종 보았다. 그래도 뼈대집은 기둥과 기둥 사이를 홈을 파서 인방으로 연결했기 때문에 견딜 수 있었지만, 지금 흙집을 짓는 모든 방식에서 겨울에 동결선 깊이를 무시하고 시공한다면 심각한 하자가 발생할 것이다. 건물이 완공되고 난 후에 눈에 보이는 부분은 수정이 가능하지만 눈에 보이지 않는 부분은 보수가 불가능하다. 기초만큼은 정말 튼튼하게 해야 한다.

• 남아 있는 뼈대집 대부분이 이렇게 지붕이 굴곡 되었는데 가장 큰 이유가 건물의 기초 때문이다.

배치도와 평면도

집을 지으려면 설계도면이 필요하다. 조금이라도 경험 있는 이라면 대개 본인이 필요한 구조로 평면 정도는 간단히 그려본 후 설계자와 상담하게 된다. 경험이 없는 이라도 집을 지을 단계에 오기까지 이미 많은 집을 잡지나 미디어, 직접 답사를 통해 구경하고 마음 속으로 구상해 볼 것이다. 이런 상상을 설계자와 상담을 하면서 구체화시키는 작업이 필요하다. 집의 방향과 규모, 본인의 의도와 가족 모두가 편하게 사용할 수 있는 구조를 몇 번이고 의논하고 수정한 후에 결정해야 된다. 밤에 잠을 못 잔 사람에게 이유를 물으면 흔히 우스개 소리로 '기와집 짓느라고 못 잤다'는 말을 들을 때가 있다. 그만큼 집을 지으려면 생각이 많고 고민이 많다는 이야기다. 부지가 넓으면 마음대로 건물을 배치할 수 있지만, 그렇지 않으면 설계나 배치가 본인의 의도에서 벗어날 수 있다. 이때 전문가들의 의견을 따라서 실리를 추구하고 건물의 배치는 될 수 있는 대로 한쪽으로 배치해 최대한 남은 공간을 넓힐 수 있도록 한다.

참고로 필자는 남은 공간을 확보하기 위해서 건물 뒷부분을 삼각형으로 설계한 적도 있었다. 뒤편에 좁은 공간이 있다면 부지의 생김새에 따라 창고나 다용도실, 보일러실 등을 배치해 볼 만하다.

4장
—
담틀집 짓기 실전

4

시작 전
준비해야 할 자재

설계도면이 나오면 먼저 목재의 수요량을 정확히 계산하여 준비해야 한다. 목재는 건조가 많이 된 것일수록 좋다. 허가에 문제가 없는 확실한 부지라면 계획 단계에서 주문해도 무방하다. 실제로 어떤 집은 6개월 전에 제재를 해서 그늘 속에서 건조하기도 한다. 담틀집에서 사용하는 대들보나 서까래는 규격이 동일한 제재목을 쓴다. 처음에는 사각으로 제재해서 건조시킨 후, 사용 직전 원형으로 가공해 사용하기도 한다. 건축주 취향에 따라 국산 소나무를 벌목 현장에서 구입해 현장에서 가공하기도 하는데, 어떠한 경우든 미리 준비하는 것이 중요하다. 특별히 건축주가 제재목을 원하지 않고 손가공을 원한다면 서까래까지 현장에서 가공하기도 한다.

• 서까래로 사용할 목
재를 제재해서 그늘에
보관한다.

• 대들보로 사용할 목
재를 벌목장에서 선별
해서 미리 준비한다.

• 대들보로 사용할
목재는 현장에서 다듬
는다.

• 서까래도 현장에서
치목한다.

목재의 사용량
산출하기

담틀집은 순수한 흙과 나무로만 지어지기 때문에 목재의 사용량이 많다. 담
틀집에 들어가는 목재 사용량을 산출하는 요령을 일반적인 도면 사례를 들어
설명해 본다.

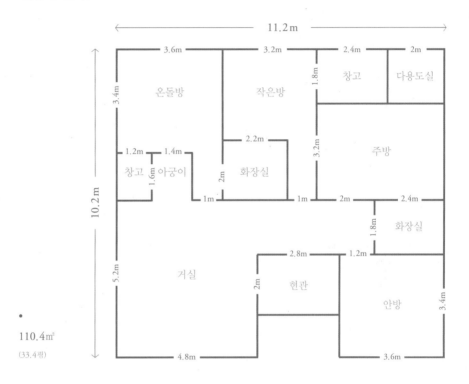

110.4㎡
(33.4평)

위 도면은 33.4평 담틀집 평면도로 전체 외벽길이가 46.8m이다. 외벽 전체
에 보(흔히 계다목이라고 부른다)를 깔아야 되는데 두께는 12㎝, 넓이가 30㎝ 규
격의 보를 외벽 길이 두 배로 준비한다. 하나는 바닥에 깔고 하나는 옆으로
세워야 되기 때문이다. 내벽길이는 51.8m다. 이곳은 두께 12㎝, 넓이18
㎝의 보를 길이대로 준비하면 된다. 대들보는 지름 33㎝ 규격으로 5개가 필

요한데, 각각의 길이는 거실용 5.4m, 안방용 4m, 주방용 3.8m, 작은방용 3.6m, 온돌방 4m다. 도면의 넓이보다 길게 잡는 것은 보를 벽에다 걸쳐야 되기 때문이다. 외벽과 내벽의 두께를 합하면 70㎝를 길게 잡아야 되지만 양쪽 다 끝까지 낼 필요가 없으므로 도면 길이보다 50㎝ 정도만 길게 잡으면 된다. 내부 서까래는 지름 15㎝의 규격을 사용한다. 목재 사용량을 계산하는 방법은 안방을 예로 든다면 길이 4m의 대들보를 세로로 중앙에 걸으면 가로 넓이 3.6m의 중앙에 보가 걸리게 되므로 한쪽의 넓이가 1.8m가 나온다. 약간 경사가 되고 토담벽의 두께가 50㎝ 정도 되므로 여유 있게 2.4m 규격의 서까래를 쓴다. 50㎝ 간격으로 건다면 방 넓이 세로 3.4m÷0.5 = 6.8개가 나온다. 여기에 한 개씩 추가로 들어가야 하므로 안방에 필요한 서까래는 총 16개인 것이다.

거실 부분은 5.2m 길이의 중앙인 2.6m 위치에 보를 걸고 종전과 같은 방식으로 계산하면 한쪽에 11개씩 22개가 필요하다. 외벽 쪽 12개는 3.1m 짜리로 내벽 쪽 12개는 2.9m 규격이 들어간다. 외벽쪽이 길게 걸리는 이유는 외벽의 토담 두께가 50㎝나 되기 때문이다. 보가 걸리는 부분은 이런 방법으로 하고 보를 걸지 않는 부분, 예를 들면 창고와 다용도실은 2.1m 규격의 서까래 11개로 시공하며 현관 문 앞과 주방문 앞 사이, 우측 화장실을 한 라인으로 시공하면 길이 2.1m 서까래 14개가 들어간다. 현관을 박공으로 할 때에도 이런 방법으로 계산하는데 추녀용 서까래는 2.7m 규격으로 시공하며 전체 외부 길이 46.8m에 현관 길이 4.8미터를 빼면 42m가 된다. 여기에 토담 두께 2m가 더해지므로 외부길이 44m이며 네 귀에서는 서까래 8개씩이 추가되므로 외부추녀용 서까래 116개, 귀서까래 4개가 필요한 것이다. 추녀 서까래를 걸고 나면 서까래를 덮어줄 판재(시다)가 있어야 된다. 외부길이가 사방 1.7m가 늘어서 현관을 빼고 48.6m가 되며 판재의 규격은 두께 3㎝ 넓이 24㎝가 소요되며 천장용 루바는 추녀가 포함되므로 약 60평 정도가 들어간다.

위와 같은 방식으로 전체 목재 사용량을 정리하면 지름 33㎝ 규격의 보

• 목재 구입시 사용
하는 최소단위 1재 =
기본 1재의 부피값
은 두께 1치(30㎜)×
폭 1치(30㎜)×길이
(12자, 3,600㎜)로
서 1재의 부피값은
3,240,000이다.

는 길이 5.4m 1개, 4m 1개, 3.8m 1개, 3.6m 1개, 4.2m 1개가 필요하고 서까래는 지름 15㎝ 규격의 길이 2.4m 87개, 3.2m 10개, 2m 16개, 외부 추녀용 서까래 116개, 두께 12㎝ 넓이 30㎝ 규격의 게다목 93m 두께 12㎝ 넓이 18㎝ 게다목 51.8m, 추녀용 송판 두께 3㎝ 넓이 24㎝ 길이 48.6m의 목재와 루바 60평 정도가 필요하다.

목재의 부피를 사이(材)로 표시하는데, 산출 방법은 가로(넓이)×세로(길이)×두께 나누기 3,240(1재의 부피)을 하면 부피(사이)가 나온다.

흙
준비하기

흙을 현장에서 조달할 수 없는 현장은 2월 중순에서 3월말 이전에 방책을 찾아야 한다. 대부분 토목공사를 이 시기에 진행하기 때문에 주변 산에 절토하는 현장을 찾아 붉은 적토에 마사가 섞인 흙을 마련한다. 이 흙이 토담용으로는 가장 바람직한 흙이다.

• 황토산에서 토담용
으로 사용할 흙을 선
별하고 있다.

• 토담용으로 사용할
흙을 집 지을 현장에
야적해 놓은 모습

• 현장에 흙을 쌓아보
관할 때는 반드시 바
닥에 비닐을 깐다.

미리 준비한 흙을 보관하려면 반드시 바닥에 비닐을 깔아야 한다. 흙은 습기
를 잘 빨아들이기 때문이다. 필자도 현장에 토담용 흙을 미리 쌓아놓고 비를
피하기 위해서 포장을 잘 덮고 몇 달을 두었다가, 담틀을 치는 날 포장을 벗
겨보니 흙이 너무 젖어 일을 바로 못 하게 된 기억이 있다. 흙이 바닥의 습기

66

를 계속 빨아들인 상태에서 덮은 포장 때문에 수분이 증발이 안 되어서 나타난 현상이다. 당시 장비를 3일씩이나 사용해 흙을 말려서 가까스로 일정을 맞췄다. 흙은 햇빛보다는 바람에 더 잘 마른다. 때문에 펼쳐놓고 계속 뒤집어 주어야 할 정도로 한번 습기를 잔뜩 먹으면 말리기가 쉽지 않다.

보강 창틀

담틀집을 짓기 위해서는 반드시 고려해야 할 것이 보강 창틀이다. 생소한 이야기로 들릴지 모르겠지만 필자는 이 문제를 해결하기 위해서 오랜 시간 고심하다 나름의 방법을 찾았다. 흙집에서 가장 문제가 되는 부분이 창문이다. 이 부분은 적벽돌집에서도 하자가 가장 많이 발생하는 곳이기도 하다. 특히나 담틀집에서는 이 부분을 완벽하게 해결하지 않으면 살아가면서 더 많은 불편을 겪게 될 것이다. 대부분의 흙집들이 문틀로 목재를 쓰곤 하는데, 목재는 특성상 마르면서 뒤틀리거나 변형이 올 수 있으며, 또 흙과 접착이 되지 않기 때문에 이 부분을 실리콘으로 처리한다. 그러나 시간이 지나면 실리콘도 흙과 접착된 부분은 떨어지기 마련이다.

● 나무로 창틀을 넣은 집. 나무가 줄면서 사이가 벌어지며 실리콘이 떨어진다(좌).
● 흙과 나무가 마르면서 사이가 벌어진 창틀(우)

현대의 집들은 거실이 크기 때문에 거실 분합문의 사이즈가 높이 227㎝, 넓이 400㎝에 이른다. 그런데 담틀집은 두께가 50㎝나 된다. 이만한 크기의 문틀을 나무로 제작하자면, 상당히 두꺼운 나무로 만들어도 견디기가 어렵다. 더구나 담틀집은 보를 걸고 서까래를 걸고 그 위에 단열을 흙으로 하기 때문에 상당한 무게의 하중을 문틀이 받게 된다. 그래서 어떤 흙집들은 벽체는 토담을 치고 지붕은 무게를 줄이기 위해서 흙을 덮지 않고 샌드위치 패널로 마감하는 경우도 있다. 이렇게 시공하면 사실 온전한 흙집은 아니다. 우리가 짓는 담틀집은 시공과정에서 처음부터 문틀을 넣고 흙다짐을 하기 때문에 목재로는 절대 견딜 수 없다. 벽체가 두꺼운 흙집을 가보면 집집마다 이 문제를 해결하기 위해서 고심한 흔적들을 발견하게 된다. 소극적인 방법으로는 아예 문을 조그맣게 내는 등 여러 시도들을 보았지만, 대부분 심각한 문제를 안고 있었다.

어떤 집의 경우는 문마다 창틀을 뚫고 볼트를 박아서 창문 위로 지나간 나무에 고정시켰는데, 나무 창틀이 내려앉아서 문이 잘 열리지가 않았다. 다

• 구조목과 흙벽체 사이를 흙으로 막았지만 시간이 지나면서 떨어져 버렸다.

른 방편으로 목재로 골조를 세우고 흙벽돌로 전체를 감아 쌓는 공법도 적용해봤으나 담틀집에서는 이 방법도 가능하지 않다.

　　이를 해결하기 위해 필자가 고안해 낸 것이 철 구조물로 보강 창틀을 만들어서 토담을 칠 때부터 넣는 방식이다. H빔은 양쪽에 날개가 있어서 문틀 제작이 안 되므로 250㎜ 채널('ㄷ'자 형태로 가공된 철로 흔히 잔넬이라고 부른다) 두 개를 겹쳐서 사용하는 방법을 채택했다. 두 개를 겹치는 이유는 토담의 두께가 500㎜이기 때문이다. 길이 10m, 넓이 250㎜ 잔넬의 무게가 346kg이다. 높이 2.7m, 넓이 4m의 분합문의 총길이는 1,324㎝이다. 두 겹을 겹치면 2,648cm가 나온다. 무게 915kg에 달하는 구조물이다.

• 거실용 보강창틀로 무게 1톤이 넘는 구조물이다.

• 주방 보강창틀을 주
문 제작하는 과정이
다. 담틀집에서는 창
문마다 이러한 보강창
틀을 사용한다.

• 담틀집의 모든 창틀
은 이런 식으로 제작
한다.

• 보강창틀의 'ㄷ'자
홈으로 흙을 넣고 다
짐한다.

이렇게 창틀을 넣고 흙다짐을 하면 보강 창틀의 뒷부분인 'ㄷ'자 모양의 홈으로 흙이 들어가서 다져지므로 보강창틀과 토담 사이가 벌어질 염려가 전혀 없다. 이 창틀 위에 곧바로 대들보를 얹어도 문제가 없으며 안쪽 평평한 면에다 이중창틀을 분리해서 바깥쪽으로 페어유리를 끼고 40㎝를 띄어서 안쪽으로도 22㎜ 창틀을 시공하면 방음이나 단열 효과는 상상을 초월한다.

어떻게 보면 간단해 보이지만, 많은 고심 끝에 택한 방법이다. 창호 문제를 해결하고 난 후에 비로소 담틀집 시공에 자신을 얻었고 이 방법대로 시공했을 때, 정말로 만족한 결과를 얻었다. 필자의 전작 『토담집, 이렇게 지으면 된다』를 보고, 몇 분이 본인이 직접 담틀집을 지었는데, 보강창틀 값이 만만치 않아 목재를 사용했다가 낭패를 봤다고 한다. 앞서 언급했지만 흙집의 하자는 창틀이 큰 비중을 차지한다는 것을 다시 한번 강조한다.

• 보강창틀을 사용하
면 창틀 위에 보를 걸
어도 문제 없다.

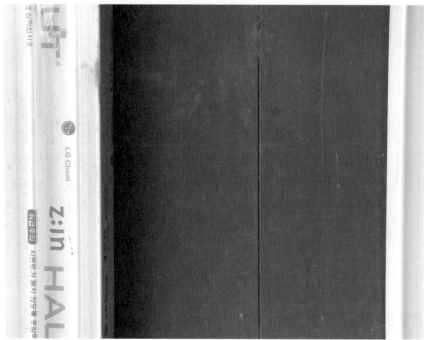

• 이중 창틀을 분리해
서 바깥쪽과 안쪽으로
나누어 시공한다.

기존 흙집의
문제점

서두에서는 흙의 우수성을 얘기했지만 기존의 흙집들이 가지고 있는 문제점들을 정확하게 짚어보고 그 대책을 마련하는 시간이 필요하다.

우리 선조들이 집을 지을 때는 건축자재 선택의 폭이 극히 제한적이었다. 그러나 오늘날은 다양한 형태의 자재가 있고, 시공 방법 또한 다양하다. 흙집의 장점을 훼손하지 않고 인체에 해롭지만 않다면 발상의 전환이 필요하다고 생각한다. 옛날 심벽집은 벽 두께가 10㎝ 밖에 되지 않았다. 당연히 단열 효과가 떨어졌고 창호지 한 장을 바른 문으로 한겨울에는 깊은 숨을 내쉬면 성에가 낄 정도로 추웠다.

• 옛날 심벽집의 벽
두께

• 창호지 한 장으로는
겨울 한파를 막을 수
없어 방문마다 비닐을
쳤다.

흙집의 정취를 중요시하며 흙이 몸에 좋은 건축자재라는 이유로 전통을 고수
하고자 하는 이들에게는 실례일 수 있지만, 불편을 감수하면서까지 흙집에
살겠다는 생각은 버려야 된다고 생각한다. 흙의 우수성과 실용성이 입증되려
면, 흙집이 먼저 대중화되어야 한다.

　　우리가 지어갈 담틀집의 벽두께가 50㎝에 이르는 데는 몇 가지 이유가
있다. 첫 번째, 단열과 방음이다. 현재 시중에 유통되는 흙벽돌의 사이즈가
길이 30㎝, 넓이 20㎝이다. 이 흙벽돌을 대개 가로로 쌓고 줄눈(메지)을 넣는
데, 그런 방법으로 시공하면 벽 두께가 20㎝가 된다. 설령 세로로 쌓아도 30
㎝이다. 이 정도의 흙 두께로는 단열이 충분하지 않다. 벽두께 50㎝의 담틀
집은 겨울에 난방을 안 해도 실내온도가 12도 이하로 내려가지 않는다.

　　담틀집은 벽돌집처럼 벽돌 몇 천장을 모르타르로 조적하는 것이 아니라
이음새 없이 한 구조체로 시공이 이루어진다. 특히 벽 두께를 50㎝로 하는
이유 중 하나는 작업 공간 확보다. 토담은 담틀 안에서 흙다짐이 이루어지기

때문에 충분한 작업 공간이 필요하다. 또 한 가지는 흙집의 구조적인 안전성을 확보하기 위해서다. 흙집에 관심을 보이는 많은 분들 가운데 흙이 과연 구조체로서 지붕의 하중을 견딜 수 있겠느냐고 종종 질문을 한다. 그런 이들을 위해서 가끔 작업 과정을 공개하는데, 시공 현장을 본 후에는 본인이 가지고 있던 의구심이 기우였음을 인정한다. 구조 전문가들 역시 50㎝ 두께의 토담이라면 몇 층이 올라가도 견딜 수 있다고 진단한다.

흙의 단점 중 하나가 다른 건축자재와 결합력이 떨어지는 부분이다. 심벽집의 짓는 과정을 보면 나무로 기둥을 세우고 기둥에 홈을 파서 기둥과 기둥 사이에 상인방, 중인방, 하인방을 가로로 끼워서 세로로 힘 살대를 부쳐 놓고 대나무나 수수깡으로 외를 엮은 후 미장한다. 그러나 시간이 지나면 나무 기둥과 흙 미장 사이에 틈이 벌어지게 된다.

• 전통 방식으로 외를 엮어 놓은 모습

• 나무 기둥과 흙벽
사이가 시간이 지나면
벌어진다.

• 오래된 집이지만 심
벽집(뼈대집) 대부분
이 이러한 문제점을
가지고 있다.

요즈음은 기둥과 기둥 사이를 외에 엮지 않고 흙벽돌로 조적하는데, 이 방법
도 시간이 지나면 나무 기둥과 흙벽돌 사이에 틈이 생긴다.

• 나무 기둥과 흙벽돌 미장 벽체 사이가 벌어져 휴지로 막아놓았다. 최근에 지은 집의 모습이다.

• 지은 지 얼마되지 않은 집인데 나무와 흙벽 사이가 벌어졌다.

필자가 처음에 흙집으로 지으려고 했을 때 제일 처음 생각한 공법이 나무로 기둥을 세우고 그 사이를 흙벽돌로 조적하는 방식이었다. 그러나 검토하는 과정에서 위와 같은 현상들이 발견되었다. 또한 시중에서 유통되는 흙벽돌과 조적용 모르타르 성분이 100% 흙인지도 의구심이 들었다. 앞서 말했듯이 흙벽돌 외벽 쌓기로는 단열에 문제가 있고, 흙벽돌 두겹 쌓기로 시공하고 벽돌 사이에 단열재를 넣는 방식 또한 확신이 들지 않았다.

흙을 연구하는 분들의 발표를 보면 일반인들에게는 생소한 용어들과 성분, 효능을 말하지만, 그런 내용이 별로 가슴에 와 닿지는 않는다. 하지만 누구나 흙이 습도조절 능력이 탁월하고 공기 정화 능력이 있어서 실내를 쾌적하게 한다는 정도의 상식은 가지고 있다. 사람이 하루에 섭취하는 음식과 물의 양은 3kg 정도지만 호흡기를 통하여 몸에 공급되는 산소의 양은 20kg이 넘는다고 한다. 사람은 음식을 며칠 안 먹어도 살지만 산소는 단 몇 분만 공급이 안 되어도 살 수 없다. 이렇게 사람 몸에 중요한 공기를 흙이 정화시켜준다. 순수한 흙집에 들어가면 공기가 신선하고 산뜻하게 느껴지는 이유다. 비록 허술한 흙집에서 영업을 했지만, 장사가 잘 되어서 큰돈을 벌어 시멘트집을 짓고 난 후 장사가 안 된다고 하는 말이 전혀 근거 없는 이야기는 아닌 것 같다.

굳이 흙집을 지으면서 흙의 큰 장점인 공기정화 능력을 단열재로 차단한다면 흙집의 의미를 찾기가 어렵다. 왜 이 이야기를 하는지 의아해할지 모르겠지만 현재 흙벽돌을 생산하여 시판하는 업체의 카탈로그에 나와 있는 흙벽돌집의 시공방법을 보면 기본이 두 겹을 쌓고 외벽과 내벽 사이에 단열재를 사용할 것을 권장하고 있기 때문이다.

또 한 가지 짚어볼 문제점은 흙의 강도를 높이기 위해서 시멘트 성분을 첨가하는 대목이다. 순수한 흙만을 사용해서 건축하다보면 막상 부딪히는 난제가 많다. 이를 쉽게 해결하기 위해 시멘트를 첨가하면 당연히 인체에 해로운 유해성분이 나오기 마련이다. 그리고 시멘트 성분의 미세한 분말이 흙의 벌집구조를 막아서 흙의 고유기능을 저해한다면 이 또한 생각해 볼 문제이다. 모래에다 시멘트를 섞어서 제품을 생산해 시멘트벽돌, 시멘트블록이라 말하면서 흙에다 시멘트를 섞어서 만든 벽돌은 흙벽돌이라고 하면 이중 잣대가 아니겠는가.

한때는 반죽된 흙에 목심을 중간중간에 넣으면서 벽체를 쌓아가는 방식의 소나무흙집, 즉 목심집을 짓는 이들도 많았다. 그러나 흙을 반죽하기 위해서 사용된 물은 마르면서 크랙을 유발한다. 또한 목재도 마르면서 부피가 줄기 때문에 크랙이 상당히 심하게 생긴다는 것을 염두에 두어야 할 것이다. 흙은 수분에 절대적으로 취약하다.

• 목심집의 갈라짐 현상

• 모래 성분과 점토의 배합비율이 잘못되어서 미장한 부분이 갈라졌다.

• 흙벽이 갈라지고 흙이 떨어진 집. 지방문화재인데도 흙의 특성은 어쩔 수 없다.

위에 열거한 사진들은 필자가 담틀집을 시작하기 전에 반드시 개선해야 될 흙집의 문제점이자 과제였다. 흙이 좋아서 흙집에 살려고 본인이 직접 집을 짓는다면 위와 같은 문제가 발생해도 누굴 원망하거나 탓할 것 없이 본인이 살면서 수리를 하면 된다. 하지만 돈을 받고 남의 집을 짓는 과정에서 위와 같은 문제가 발생하면 안 된다. 건축주와 문제가 생길 것이 뻔하고 설혹 당장에는 문제가 없더라도 집 한 채 지어주고 계속 하자가 발생해 보수 인력을 계속해서 투입해야 한다면 어떻게 흙집을 지어줄 수 있겠는가.

이를 염두에 두고 선택한 가장 적절한 시공방법이 담틀집이었기에, 감히 담틀집을 흙집의 명품으로 자부한다. 실제로 담틀집을 짓는 시공 과정에 참여한 장비 기사나 일꾼, 구경하는 동네사람도 앞으로 집을 지을 기회가 주어진다면 담틀집을 짓겠다고 입을 모았다. 위에서 제기한 흙의 이러한 단점들을 시공하는 과정에서 해결한다면 흙집보다 더 좋은 집이 어디 있을까.

• 지은 지 일 년도 안 된 흙집인데 보수가 불가능해 결국은 전체를 헐어 없앴다.

• 살다가 집을 비우고 이사를 한 흙집

• 벽체가 아예 흘러내려 내부에 엮은 외가 다 노출된 모습(좌)
• 본인 집을 직접 짓는 이의 현장(우)

건물 배치
정확한 위치 찾기

건축허가를 득하였으면 착공신고를 하고 기초 터파기공사에 들어간다. 허가 도면의 배치도와 일치하게 건물을 지어야만 나중에 준공을 받는데도 문제가 없고, 남의 지적 경계선을 침범하여 낭패를 겪는 일이 없다. 정확한 위치를 찾으려면 먼저 경계 말뚝과 말뚝 사이에 줄을 매어놓고 배치도에 나와 있는 건물의 맨 끝 가장 자리와 지적 경계의 이격거리를 앞쪽과 뒤쪽을 자로 확인하고 말뚝을 박아 놓는다.

• 경계선을 따라서 줄을 매어 놓는다.

• 왼쪽의 붉은 줄이 지적 경계선이며 오른쪽으로 보이는 흰 선이 건물 외벽선이다. 보이는 말뚝이 건물의 모퉁이가 된다.

앞선 사진에서 보듯이 지적 경계선에서 배치도에 나와 있는 대로 건물의 앞쪽과 뒤쪽의 이격 거리를 떼어 놓고 줄로 팽팽하게 매어 놓는다. 이때 다시 한 번 정확하게 지적 경계선과 건물의 이격거리를 점검해야 한다. 가장 중요한 일이기 때문에 몇 번을 확인해도 좋다. 이상이 없으면 이제 건물의 코너를 잡는다. 이 말은 건물의 직각을 찾는다는 이야기다. 기계가 있으면 좋겠지만, 없으면 다음의 요령으로 찾을 수 있다.

먼저 맨 처음 박은 말뚝에다 또 다른 줄을 매서 이번에는 건물의 너비 쪽으로 맨다.

• 먼저 매어놓은 수직선과 나중에 매는 수평선을 정확하게 교차시킨다.

사진에서처럼 두 줄이 교차하는데, 교차지점이 건물의 모서리 부분이다. 위쪽으로 뻗은 수직선은 건물의 앞쪽으로 뻗은 선이고, 우측으로 뻗은 선은 건물의 옆 방향이 된다. 교차지점에서 수직으로 3m 지점을 정확하게 재어서 표시해 놓고 이번에는 교차지점에서 수평선(우측) 4m 지점을 표시를 한 후에

• 대각선의 길이가 정확하게 5m가 되도록 맞춘다.

수직 3m 지점과 수평선에 4m를 표시한 지점을 대각선으로 재어서 5m가 되면 직각이 맞은 것이다.

사진의 모양과 같이 대각선을 자로 재는데 5m를 맞추기 위해서는 아래쪽으로 뻗어 있는 수직선은 움직이지 않고 우측으로 보이는 수평선만을 움직이면서 정확하게 5m가 되어야 한다. 아래쪽 수직선은 이미 앞장에서 배치도면 대로 경계선에서 이격거리를 떼어서 줄을 매어놨기 때문이다. 이때 주의할 점은 수평선 줄을 움직일 때마다 4m에 표시한 지점이 달라지므로 움직일 때마다 교차점에서 4m 지점을 매번 다시 재봐야 한다.

직각이 맞으면 교차지점에서부터 건물의 길이와 넓이를 자로 재어 말뚝을 박는데, 말뚝은 건물선보다 1m 이상씩 양쪽에서 더 나가서 박는다. 실을 각 말뚝에 맨 후에 바닥에 석회 가루를 뿌려 놓고 실을 제거한 다음 기초를 판다. 기초를 팔 때도 말뚝이 없어지지 않도록 주의해야 된다. 이 말뚝들은 벽체를 세울 때까지 계속 사용하게 된다.

기초 터파기
공사

앞서 기초의 종류에서 언급했던 것처럼 기초를 줄기초로 할 것인지 확대 줄기
초로 할 것인지 혹은 방석을 앉힐 것인지를 결정한 후에 터파기를 해야 한다.
그러나 어떤 방식으로 하든 기초의 수직범위는 그 지방의 겨울 최저기온에서
도 얼지 않는 깊이(동결선)까지는 들어가야 한다. 필자가 기초를 거듭 강조하는
이유는 흙집이라고 기초를 소홀히 하는 이들을 적잖게 보았기 때문이다.

• 기초 터파기를 할
때는 건물 벽의 두께
를 반드시 감안해서
파야 된다.

86

기초 터파기공사를 할 때 두 가지 방식이 있다. 기초가 지나가는 자리만 파는 방식이 있고 건물자리 전체를 파는 방법이 있다. 줄기초로 팔 때 주의할 점은 석회 가루를 뿌려놓은 선은 건물의 중심선이므로 이를 염두에 두고 외벽 두께를 계산해서 파는 넓이를 정해야 된다는 것이다. 벽 두께가 20㎝인 시멘트집이나 벽 두께가 50㎝인 담틀집이나 모든 건물은 벽 두께의 중심선을 실질 면적으로 계산하기 때문에 벽 두께의 1/2만큼의 넓이는 선 바깥쪽으로 파야 한다. 작업 공간 확보를 위해서 될 수 있는 대로 넓게 파는 것이 좋다. 실을 따라서 석회를 뿌리고 기초를 파기 위해서 실을 걷고 기초를 판다. 다 판후에는 다시 원위치 대로 실을 다시 매야만 이 실을 따라서 돌을 쌓든지 거푸집을 놓든지 할 수 있다. 먼저 박아놓은 말뚝이 없어졌으면 다시 직각을 잡아야 되기 때문에 앞서 말뚝을 1미터 이상 나가서 박으라고 한 말이 이때쯤이면 이해가 갈 것이다.

• 기초는 넓게 파서 작업공간을 확보하고 동결선 깊이 이상으로 판다. 경계말뚝은 준공 시까지 훼손되지 않도록 철근을 절단해 박아놓는다.

기초 공사

흙은 건축 자재로서의 많은 장점을 가졌지만, 수분에는 취약하다는 단점을 앞서 지적한 바 있다. 이 부분을 보완하는 게 큰 숙제다.

- 위 사진은 기초부분에서 수분이 올라와서 아래 부분이 허물어진 토담 모습이다.

- 지은 지 오래되지 않은 집인데, 기초가 너무 낮아서 바닥에서 올라온 습기로 기둥이 썩었다(좌).

- 석산에서 가까운 현장은 덤프차로 운반한다(우).

예전에는 돌이 많은 지방에서는 기초에 돌을 넣었다. 돌이 없는 지방에서는 흙으로 기초 부분을 높이고 토담을 쳤는데, 세월이 지나면서 위 사진과 같은 현상이 일어났다.

그래서 기초는 수분을 흡수하는 시멘트가 아닌 돌을 사용해야 한다. 그러나, 돌을 구하기가 쉽지 않은 지역에서는 시멘트 콘크리트 공법으로 할 수밖에 없다. 많은 이들이 돌 가격을 궁금해 하며 질문들을 하는데, 돌값은 돌자체의 가격도 가격이지만, 운반비가 비싸다. 석산에 가면 돌을 발파하고, 이를 용도별로 가공하는 공장이 있다. 이때 돌에 흠집이 있다든지 필요 없는 무늬가 있다든지 하면 쓸모가 없어 가격이 싸진다. 이를 크기에 맞게 잘라서 구입한다. 그러나 거리가 멀면 운반비 때문에 너무 가격이 높아서 할 수 없이 시멘트 콘크리트 공법을 쓰기도 한다.

• 석산에서 거리가 먼 현장은 25t 카고 트럭으로 운반하면 운송비를 절감할 수 있다.

• 레미콘을 두껍게 붓
고, 그 위에 돌을 놓으
면 돌의 요철 부분으로
레미콘이 들어간다.

• 돌을 쌓는 요령은
밑단에 큰 돌을 쌓고
윗단은 면이 좋은 돌
로 쌓는다.

90

• 1단을 다 쌓고 2단을 쌓을 때에도 1단 돌 위에 레미콘을 충분히 붓고 2단 돌을 쌓는다. 이런 방법으로 쌓으면 돌과 돌 사이에 공간도 메워지고 레미콘이 양생된 후에는 강도가 더욱 높아진다.

• 모퉁이 돌은 각이 좋은 돌을 사용한다.

• 화장실과 주방에서 오수와 폐수가 나갈 위치에 관을 미리 넣어 둔다.

• 외부에서 들어오는 인입관은 물론 내부에서 외부로 나갈 전선(비디오폰, 대문개폐기, 정원등, 외부전기)에 사용할 전선을 미리 묻어둔다.

• 내력벽이 지나갈 위치에도 기초와 똑같은 방법을 적용해 돌을 쌓는다.

• 건물 기초의 높이는 최소 60㎝는 되어야 바닥에서 올라오는 습기를 차단하고, 바닥에서 튀어 오르는 낙수로부터 벽을 보호할 수 있다.

• 위생 배관은 화장실
의 위치와 변기가 설
치될 자리를 정확히
찾아야 한다.

• 배관공사가 끝나면
철근을 깔기 전에 바
닥 전체를 비닐로 덮
는다.

기초는 외벽뿐만 아니라 내벽도 같은 방식으로 시공한다. 기초에 거푸집을 사용하고 레미콘을 타설하였으면 거푸집을 제거한 후 되메우기를 한다.

되메우기가 끝나면 위생 배관 작업을 하는데, 먼저 자로 재서 도면에 나와 있는 화장실의 정확한 위치를 찾아야 한다. 화장실의 크기 대로 표시를 해놓고 변기 위치를 정확히 잡는다. 벽 두께와 타일 두께를 빼고 30㎝를 떼어서 100㎜ 엘보관(배관에서 구부러진 부분을 접속하는 관)을 묻는다. 변기의 위치를 잘못 잡으면 나중에 콘크리트를 파내고 철근을 절단해야 하는 큰 공사가 될 수 있다. 배관 위로 철근을 깔게 되는데, 배관 두께만큼 바닥을 파내지 않으면 배관 자리만 철근이 높아지므로 배관이 지나갈 자리는 물 흐름이 좋도록 약간의 경사를 주면서 판다.

• 배관공사가 끝나는 대로 철근을 결속하는 데 규정대로 하부근과 상부근이 분리되도록 결속한다.

● 철근 사이로 전기
배관을 한다.

비닐을 덮는 이유는 레미콘을 타설한 후 콘크리트가 양생되기도 전에 시멘트
물이 급하게 흙으로 빠져나가는 것을 방지하고 밑에서 올라오는 습기를 막기
위함이다. 이때 배관이 지나간 자리는 칼로 비닐을 절단하여 배관을 비닐 위
로 돌출시켜서 그 주위에도 레미콘이 타설 되도록 한다.

상부근과 하부근 사이로 전기 파이프를 넣어 놓는다. 반드시 외부 전기맨홀
과 통신맨홀에서 현관 신발장 위치로 파이프를 넣었다가 나중에 벽체 속을
통과해서 분전함과 연결해야 된다. 통신과 전기, TV선과 외부 정원등은 스
위치를 실내에 두어야 되기 때문에 각각의 전선용 파이프 몇 개가 들어가야
되고, 실내 배관도 미리 위치를 찾아서 빼놔야 한다. 매트콘크리트는 최소한
두께 20㎝는 기본이다.

● 변기 배관의 엘보관 밑에는 물의 흐름이 좋도록 목재를 잘라서 고이고 반생으로 매어 준다. 콘크리트를 타설할 때에 배관이 움직이거나 솟구치지 않도록 철근에다 단단히 매어놓는다.

● 철근 결속이 끝나면 레미콘을 타설한다. 매트에 사용하는 레미콘은 강도가 좋은 것을 선택한다. 바이브레이터(진동기)를 사용하여 레미콘 속의 기포를 배출시킨다.

● 이때 계단 자리도
함께 타설해야 된다.

● 레미콘을 타설할 때
구들방이나 아궁이 부
분은 제외하고, 굴뚝
나갈 자리와 굴뚝 개
자리 부분은 철근을
엮어 레미콘을 타설해
기초를 만든다.

매트콘크리트 위에 바로 토담작업을 하면 보일러 배관을 하고 방바닥을 미장할 때 토담이 수분을 직접 흡수하게 된다. 공사 중에 비라도 오면 안으로 떨어진 빗물들이 직접 토담에 닿기 때문에 토담이 들어갈 자리에 높이 20㎝, 넓이 50㎝의 시멘트 벽돌을 쌓아주어야 한다. 벽돌 제일 아랫단에는 30㎜ 정도의 PVC 파이프를 중간중간에 설치해 넣는다.

흙집을 지으면서 시멘트 벽돌을 사용하는 게 의아할 수 있지만, 이 부분은 반드시 필요한 것이다. 매트 위에 토담을 바로 치면 공사 중에 밑 부분이 무너질 수 있고, 미장할 때 미장 모르타르의 수분을 토담이 직접 흡수하기 때문에 엄청난 하자가 발생할 수도 있다. 또 살면서 수도배관이나 위생배관에서 누수가 생길 수도 있는 문제이다.

벽돌을 쌓은 후 2~3일 후에 토대목(형틀 부재 중 기초 수평을 잡는 목재. 흔히 네모도, 도다이라고 부른다) 작업을 한다. 토담틀을 사용하든 유로폼을 사용하든 수평과 직각이 정확해야 다음 작업이 용이하고 빠를 수 있다. 단, 흙을 넣고 다지는 토담 작업을 할 때 유로폼이 휘어질 정도의 압력이 지속적으로 가해지기 때문에 레미콘 작업을 할 때보다 더 튼튼하게 설치되어야 한다.

• 토담틀을 세우기 전 토대목의 수평을 맞추는 작업

토담틀 제작

앞서 밝혔듯이 필자는 이화종 씨의 토담집을 알고 나서 담틀집의 매력에 빠진 사람이다. 그가 지은 토담집 책을 읽어보면 흙에 대한 정서를 흠뻑 느끼면서 여유를 갖고 건축하는 과정이 재미있었다. 그러나 안타까운 부분도 있었다. 지금 같으면 유로폼을 임대해 사용했을 간단한 일을 합판을 사다 거푸집을 만들어 토담틀로 사용하고, 해체하고는 다시 지붕 위를 덮는 재료로 쓰며 담틀을 고정시키느라 애를 먹는 과정이었다. 나는 담틀집을 시작하기 전에 이런 상황들을 모두 감안해 시공방법과 자재까지 철저히 준비를 하고 시작했다. 그러나 막상 집짓기를 시작하고 보니 생각했던 것과 현실은 달랐다.

토담을 치기 위해 유로폼을 50㎝ 넓이로 설치하고 안쪽 틀과 바깥쪽 틀을 고정하기 위해 50㎝의 타이를 채운다. 유로폼 한 장에 타이를 적어도 8개는 채워야 되는데, 작업자가 들어가서 작업할 공간도 좁지만 가장 문제는 흙을 다질 때 사용하는 진동 콤팩터(진동 다짐기계)다. 콤팩터는 밀고 다니면서 작업을 해야 한다. 그런데 타이 때문에 마음대로 움직일 수 없어서 콤팩터가 지나가는 자리마다 목수를 대기시켜 놓았다가 타이를 제거하고 다시 채우기를 반복하다 보니 작업 능률도 오르지 않고 힘은 힘대로 들었다. 내내 고생하다가 공구상에 가서 램머(소형 다짐 기계)를 임대했는데, 이 역시 무게가 50㎏이 넘어 담틀 안으로 넣고 빼는 것이 힘들고 타이를 계속 넘어 다녀야 했다. 게다가 가운데를 다짐할 때는 문제가 없지만 가장자리 작업을 할 땐, 엔진이 담틀에 걸려 기울어지지가 않기 때문에 가장자리는 다질 수가 없었다. 결국 다시 반납을 하고 콤팩터와 수작업으로 할 수밖에 없었다.

더운 여름에 담틀 안에 들어가면 바람이 통하지 않아서 무척 덥다. 더구나 콤팩터 엔진에서 나오는 열과 연기, 소음은 상상조차 하기 싫을 정도로 고역이다. 이렇게 고생해 결국 담틀집을 지었고, 살아보니 너무 좋아서 다른 이들에게도 권하고 싶지만 고민이 생겼다. 내가 겪었던 그 어려움을 어떻게 다른 이들에게 또 권할 것이며, 그 어려움을 어떻게 이겨낼 것인가 계속 고민했다. 그때부터 나는 토담을 쉽게 시공할 수 있는 방법을 연구하기 시작했다.

기존 유로폼을 사용했을 때 가장 불편한 점이 안쪽 틀과 바깥쪽 틀을 연결하고 고정시켜 주는 타이였다. 그렇다면 타이의 숫자를 대폭 줄이는 방법을 먼저 떠올려야 했다. 레미콘을 타설할 때는 펌프카로 레미콘을 틀 안에 쏟아 붓고 바이브레이터로 진동을 주면서 콘크리트를 타설하기 때문에 타이 숫자가 아무리 많아도 지장이 없다. 하지만 담틀집은 작업자가 틀 안으로 들어가서 흙 다짐을 해야 되기 때문에 작업공간의 확보가 필수적인 상황에 타이가 장애물이 된 것이다. 이 문제를 해결하기 위해서 몇 개월 동안 고심 하다 찾아 낸 방법이 토담만을 칠 수 있는 전용 담틀을 제작하는 방안이었다.

몇 개월 동안 고심 끝에 설계도면을 만들어서 공작소를 찾았다. 의뢰를 하면서도 염려스러운 것은 설계는 의도대로 잘 된 것 같지만, 제작 과정에서 1cm라도 오차가 발생하면 잘못된 결과가 나올 수 있다는 점이었다. 시간이 나는대로 공작소를 찾아가 작업 과정을 지켜보고 드디어 현장에 적용하게 되었다. 조마조마하는 마음으로 조립했는데, 기대 이상으로 한 치의 오차 없이 딱 들어맞았다. 그때 그 기분을 누가 알겠는가.

● 토담틀을 제작하는
과정

토담틀은 상하 좌우로 정확한 위치에 구멍을 뚫어서 위 틀과 아래 틀, 옆으로 연결하는 틀과 구멍을 일치시켜 볼트로 고정한다. 안 틀과 바깥 틀은 타이 볼트로 연결하는데, 특히 타이 볼트는 사람이 아무리 밟고 다녀도 무리가 없다. 아래 사진과 같은 크기의 유로폼을 설치할 때는 32개 정도의 타이가 필요하지만, 전용 담틀에서는 6개만 사용해도 유로폼보다 견고해서 마음 놓고 다짐 작업을 할 수 있었다. 틀을 만든 또 다른 이유가 있다. 담틀집이 너무나 좋아서 많은 사람들에게 보급하고 싶지만, 아무리 열심히 지어도 혼자서 1년에 3동 이상은 불가능했다. 그래서 담틀집 짓기의 가장 어려운 부분인 토담 치기 과정만 해 주고, 나머지는 본인이 지을 수 있도록 협력해주면 담틀집을 더 많은 이들이 누릴 수 있지 않을까 하는 바람이 있다. 이 토담틀은 실용신안등록을 받았다.

• 토담틀의 코너 부분을 제작하는 과정. 제작이 완료되면 크레인으로 들어서 코너에 놓는다. 숙련된 목수의 작업이 필요 없이 틀을 이어가며 볼트만 조이면 건물 전체의 직각이 맞아 들어간다.

다짐기 만들기

토담을 칠 때 앞에서 언급했던 콤팩터나 램머는 사용을 안 해봤을 때나 생각할 수 있는 공구지, 다시 한 번 그 기계로 토담을 치라고 한다면 정말로 못할 일이다. 그래서 직접 다짐기도 만들기로 했다. 처음에는 에어로 할 수 있는 공구를 생각해 봤는데, 대용량의 콤프레샤를 현장마다 가지고 다녀야 하는 번거로움과 큰 동력이 필요할 거란 생각에 내내 궁리만 하다가 다른 방법을 고안해 냈다.

공구상에 가면 커다란 햄머 드릴이 있는데, 정확한 명칭은 뿌레카 65다. 이를 구입해 박스를 열어보면 노미(정)가 들어 있다. 이 노미(정)의 끝 부분을 잘라 낸 후에 16㎜ 철판을 가로 15㎝, 세로 18㎝ 정도의 직각판을 만들어서 정 중앙에 구멍을 내어 노미를 끼우고 용접한다. 이렇게 만든 다짐판은 그 편리함과 성능이 대만족이었다. 본인 집 한 채 짓는다고, 기계를 몇 대나 장만할 수 없으니 기계는 공구상에서 임대하고 다짐판만을 만들어서 사용하는 방법을 권한다. 참고로 노미가 한 개에 1만원 정도, 뿌레카 임대료는 하루에 2만원 정도다.

• 뿌레카 65의 노미 (정)

• 노미의 앞부분을 잘
라낸다.

• 정중앙에 구멍을 뚫
어 노미를 집어넣고
뒤에서부터 용접을 한
다. 철판을 뚫지 않고
용접하면 용접이 바로
떨어진다.

• 양 옆으로 보조날개
를 달아서 용접해야만
뿌레카의 타격력을 견
딜 수 있다.

• 뿌레카 65를 이용
해서 만든 다짐기

다짐기를 이용해서 토담을 작업하다 보면 뿌레카의 다짐력을 실감하게 된다. 흙을 15㎝ 두께로 펼쳐서 다지고 다음에 또 흙을 넣고 다질 때 돌이 쓸려 올 때가 있다. 이때 다짐기로 다지면 돌이 다져진 흙 속으로 들어가는 것이 아니라 그냥 부서져 버린다. 그러다 보니 아래 사진과 같이 수시로 다짐판이 부러진다.

• 뿌레카의 다짐력을 견디지 못하고 부러진 다짐판

그래서 다짐판을 다시 제작했는데, 성능은 좋으나 가격이 너무 비싸 일반인들에게 권하기는 무리다. 다만 전문으로 하는 이라면 참조하면 좋겠다. 만드는 방법은 용접이 아니라 길이 25㎝, 대각선 지름 22㎝의 SCM440 무게 92㎏ 나가는 통 소재를 선반으로 깎은 후에 열처리를 하는 것이다. 경도 HRC52 정도의 열처리를 하면 뿌레카의 다짐력에도 충분히 견딜 수 있다. 그러나 제작비가 많이 들어가는 것이 흠이다.

토담 치기에 적당한
흙

대부분 사람들이 흙을 건축자재로 사용한다고 하면 먼저 떠올리는 생각이 흙
에 물을 넣어 반죽하는 것이다. 하지만 필자가 시공하는 담틀집에서는 물을
사용하지 않는다. 흙은 수분이 많으면 담틀 안에서 다짐이 되지 않아 밀려다
니고, 수분이 많은 흙으로 토담을 친다고 해도 토담틀을 해체할 때에 토담 자
체 하중을 견디지 못하고 바로 무너진다. 토담집을 지어본 이들이라면 한두
번 토담이 쓰러진 경험들이 있을 것이다. 필자 역시 처음 토담집을 지을 때
수분 함수량을 잘못 맞추어 집 전체를 넘긴 경험도 있다. 그만큼 수분 함수량
이 중요한데, 정확한 수치를 제시할 수가 없어서 안타까울 뿐이다. 간단하게
지니고 다니면서 현장에서 흙의 수분을 측정하는 토양 수분 측정기가 있어도

측정 위치에 따라서 수치가 다르고, 기계 종류에 따라서 측정 방법도 달라 일정한 수치를 제시하기가 까다롭다. 다만 습지가 아닌 곳에서 정화조를 묻기 위해서 흙을 깊이 1m 정도 파면 축축한 흙이 나오는데, 그 정도의 상태가 토담치기에 적당하다. 그러나 이 방법도 흙의 종류에 따라서 다르다. 점토질이 많으면 하루 정도 바람을 쏘였다가 하는 것이 좋고 모래성분이 좀 많으면 약간 축축한 상태가 좋다. 또 손으로 한줌을 힘껏 쥐어서 뭉쳐보면 잘 뭉쳐지면 수분이 많은 것이고, 잘 뭉쳐지지 않는 상태가 오히려 적당하다.

앞에 사진은 토담치기에 적당한 수분을 가지고 있는 흙을 손으로 뭉쳐서 3일을 말린 상태다. 담틀집에 적당한 흙은 처음에 손안 가득히 흙을 움켜지고 뭉치면 흙이 흩어져 버리는데, 모양을 만들어가면서 10회 이상 반복하면 위와 같은 크기로 뭉쳐진다.

　　비가 안 온 상태에서 산을 절토하는 현장은 겉흙, 즉 나무뿌리와 풀뿌리를 걷어 낸 후에 마사가 섞인 붉은 색 적토(보통은 이 흙을 황토라고 한다)가 나온다. 이 흙이 수분도 적당하고 토담치기에 가장 좋은 흙이다.

위 사진은 공사 3개월 전에 흙을 파서 현장에 야적했던 모습이다. 토담치기에 알맞은 흙을 마침 찾은 터라 이를 파다가 쌓고 겉에만 포장으로 덮어 두었는데, 토담 치는 날짜에 맞춰 덮개를 걷어보니 흙이 흠뻑 젖어 있어서 작업을 할 수 없었다. 원인은 덮개 때문에 바닥에서 올라온 수분이 증발하지 못해 그런 것이다. 결국 흙을 펼쳐놓고 말리는데, 계속 뒤집어주지 않으면 겉만 마르기 때문에 장비로 시간마다 흙을 뒤집으며 4일간 말렸다. 사진의 흙을 우리가 육안으로 보면 마른 흙 같지만, 토담틀 안에 흙을 넣고 다짐을 해보면 수분이 많아 다짐을 할 때 틀 안에서 밀려다니고 다짐판에 흙이 달라붙기도 한다. 이 정도 되면 과감하게 작업을 중단하고 흙을 하루라도 펼쳐서 말린 후에 진행해야 낭패를 면할 수 있다. 혹여나 흙에 수분이 많은 듯한 상태에서 작업을 진행했다면 토담틀 양쪽을 한번에 제거하지 말고 안쪽만 먼저 제거하고 바람에 며칠 말린 후, 바깥쪽을 제거하는 수밖에 없다.

가끔 토담을 친 후에 며칠을 양생한 뒤 토담틀을 제거하는지 묻는 이들이 있다. 틀 안에는 100% 흙이 들어가 있기 때문에 양생이 되지 않고, 바람과 햇빛에 의해서만 마른다. 그래서 토담 치는 작업이 끝나는 즉시, 토담틀을 제거하는 것이 좋다. 하루라도 그냥 두면 마르는 것이 아니라 토담틀 안에서 습기만 더 찰 뿐이다. 때문에 토담을 칠 때 수분이 많은 흙으로 작업했다면, 위에서 언급한대로 한쪽 틀만 먼저 제거하는 방법밖에 없는 것이다.

토담 작업에서 흙의 함수량이 그만큼 중요하다. 이전 사례처럼 바닥에 비닐을 깔지 않은 조그만 실수가 4일간의 공사 지연과 장비 사용료를 추가로 지불하게 하였다. 흙을 야적할 때는 반드시 비닐을 깔아서 바닥에서 올라오는 습기를 방지해야 한다.

토담 치기

토대목 위에 담틀을 설치한다. 전용 담틀이 없는 경우라면 유로폼을 임대해 사용할 수밖에 없다. 설치 방법은 레미콘을 타설할 때와 동일하지만, 지속적인 압력에 견딜 수 있도록 튼튼하게 만들어야 한다. 한 가지 꼭 권고하고 싶

• 담틀을 설치할 때는 코너 부분을 먼저 설치한다.

은 것은 보강창틀의 사용이다. 보강창틀은 현대식 담틀집을 짓는 핵심 공법
의 하나다.

• 담틀 한 장의 사이
즈는 가로 2,440㎜,
세로 1,220㎜, 무게
160㎏에 이른다. 철
로 된 구조물 안에서
만들기 때문에 마음껏
다짐을 해도 휘거나
변형이 오지 않는다.

• 담틀을 설치할 때
창문 위치에 보강창틀
을 넣고 조립한다.

사진에서 보는 것처럼 담틀은 사람이 마음 놓고 밟고 다니거나 다짐을 해도 휘거나 변형이 오지 않는다. 이렇게 집 전체가 이음새 없이 한 장으로 이루어지며 흙이 마르면서 오는 변형은 보강창틀 안의 공간에서 흡수할 수 있는 구조로 되어 있다.

• 안쪽 담틀과 바깥쪽 담틀을 연결하는 타이 볼트

• 틀과 틀 사이는 상하 좌우를 볼트로 연결한다.

• 1단 조립을 마치고 다짐을 하기 위해서 흙을 받고 있다.

황혜주 교수님이 쓰신『흙 건축』이라는 책에서 흙다짐 공법에 대해 다음과 같이 정리했는데, 그 내용은 아래와 같다.

● **흙다짐**

흙다짐은 콘크리트처럼 거푸집을 만든 후 램머 등을 이용하여 흙이 충분한 강도와 함께 스스로 지탱될 수 있도록 채워 다지는 것으로 현 건축가들에게 가장 많은 선호를 받은 흙구성재 중 하나이다. 진흙 벽돌에 비하여 갈라짐이 적고 내구성과 강도가 우수하며 현장에서 직접 다져서 벽체가 되기 때문에 다른 재료처럼 만들고 쌓는 중복의 과정을 피할 수 있다.

하지만 두 재료에 비하여 많은 양의 흙이 요구되고 그에 따른 섬세한 노동력과 비싼 기계장비가 필요하다. 흙다짐의 점토량은 20%까지이며 일반적으로 안정화와 수분침투를 방지하기 위하여 석회,

시멘트 등을 사용하기도 한다. 흙다짐의 물리적 특성을 살펴보면 다음과 같다. 흙다짐의 거푸집은 거푸집 안에 흙을 넣고 다짐기로 다질 수 있는 조건이 갖추어져야 한다. 특히 흙벽 자체가 내력벽으로써 지붕의 하중을 전달하는 구조체가 될 수 있으므로 흙다짐에서 거푸집의 역할은 매우 중요하다. 만약 거푸집이 흙을 다지는 압력을 못 견뎌 파손되거나 틀어지게 되면 모든 작업이 처음부터 다시 이루어져야 한다. 따라서 시공자는 거푸집 간의 긴밀한 고착을 위하여 조임에 사용되는 볼트 위치 또한 작업 진행에 맞게끔 미리 검토하여야 한다.

• 흙다짐의 거푸집 특성

강도 – 흙이 다져지는 동안 측벽에 전달되는 외부 힘에 지탱할 수 있어야 한다.

고착 – 흙이 다져지는 동안 과도한 편각을 보이면서 비껴서거나 휘어짐이 없어야 한다.

수작업 – 사람이 흙을 직접 다지면서 거푸집을 조립해야 하기 때문에 손으로 쉽게 조립되고 조절될 수 있어야 하며 완료 후 형태의 손상 없이 쉽게 제거할 수 있어야 한다. 보통 다짐을 하기에 조립된 거푸집 형태는 보통 600~900㎜ 높이이고 길이는 1.5~3m 정도이다.

정렬 – 고정을 위해 생기는 맞물림과 작은 구멍들은 수직 수평적으로 정렬되어야 한다.

내구성 – 거푸집 형태는 성능 저하 없이 위치 조정 등이 가능해야 한다.

유연성 – 흙이 잘 채워지지 못한 부분(코너 등)과 벽두께처럼 변화가 발생할 수 있는 부분에 유연하게 대응될 수 있어야 한다.

여기까지가 흙다짐에 대한 교수님의 의견으로, 흙다짐 공법에서 가장 중요한 거푸집의 문제를 다루고 있다. 필자가 직접 만든 거푸집은 이런 문제를 완벽하게 해결하고 다짐 공법을 통해 담틀집을 완성시킨다. 또 다른 대학의 건축과 교수님은 "흙 건축에서 담틀 공법이 가장 우수한데, 완벽하게 할만한 실력자가 없다"고 지적한 적이 있다. 언젠가 기회가 된다면 우리 현장에 초청해 집 전체를 이음새 없이 한 장에 치는 방식을 보여드릴 생각이다. 집 전체를 한 장에 치는 방식은 앞에서 언급한 것처럼 작은 거푸집을 여러 번 옮겨가면서 토담을 칠 때, 이음새 부분에 심한 크랙이 발생하는 문제점이 없다. 또한 철로 제작해서 볼트로 조이기 때문에 어떠한 압력으로 흙다짐을 해도 휘어지거나 뒤틀리는 현상이 발생하지 않는다.

토담틀을 설치하고 흙이 준비되었으면 주간 일기예보를 확인하고 반드시 담틀을 덮을 방수포를 준비해 놓고 토담치기를 시작한다. 흙집을 짓기 전에 집 전체를 덮을 수 있는 면적의 방수포는 필수 준비물이다.

    토담 치는 방법은 현장 여건에 따라서 또는 가지고 있는 장비에 따라서 다를 수밖에 없다. 현장이 넓어 전후좌우로 포크레인이 자유로이 다닐 수 있다면 130W(중량)포크레인을 임대해서 담틀 안으로 흙을 넣어 주면서 다지는 방식을 쓸 수 있다. 그러나 이러한 여건을 가진 현장은 드물다. 다음 방법은 건물 외곽선 안으로 흙을 넣어놓고 03(버킷 용량)포크레인이 건물 안으로 들어가서 틀 안으로 흙을 넣어주는 방식이다. 03포크레인은 넓이가 2m가 넘어서 건물 안으로 들어가려면 현관 넓이가 210㎝는 족히 넘어야 한다. 이보다 좁을 땐 포크레인의 운전석을 탈착하고 거실 분합문 쪽으로 들어가야 되는데, 운전석을 탈착하고 부착하는데 시간이 많이 소요되고 장비를 임대하는 이들이 잘 응해주지 않는다. 소형 굴삭기 015나 030을 이용하여 현관 쪽으로 들어가기도 하는데, 015나 030 모두 높이 240㎝ 이상은 작업이 불가능한 단점이 있다. 또한 굴삭기 한 대는 안에서 작업을 하고 또 한 대는 밖에서 안으로 계속 흙을 넣어주어야 하기 때문에 굴삭기가 2대를 사용하면서도 여간 불편한 게 아니다.

그래서 개발한 것이 흙 운반 틀이다. 철 구조물로 제작했는데 포크레인
으로 흙을 떠 넣기 좋은 구조로 만들어서 포크레인으로 흙을 떠서 운반 틀에
담아 주면 기중기(크레인)로 옮겨서 담틀 위에 얹고 아래쪽으로 문을 달아서
빗장을 열면 흙이 담틀 안으로 쏟아지도록 만들었다. 어떤 현장의 조건에서
도 작업이 편리하며 안전하고 작업 능률도 높아 만족감이 크다. 2층이나 3층
작업을 할 때도 1층을 작업하는 것과 동일하게 진행할 수 있다. 전문용기가
없는 상황이라면 건재상회나 철물점에 가서 모래나 흙을 크레인으로 옮길 수
있는 1t 백을 찾아 이용하는 것도 생각해 볼 만하다.

• 포크레인으로 운반통 안에 흙을 옮겨 담는 모습이다.

• 운반틀에 담겨진 흙
을 토담틀 안으로 넣
기 위해서 크레인으로
이동시키고 있다.

• 크레인으로 옮겨온
운반 틀을 토담틀 위
에 정확하게 앉히고
빗장을 뽑으면 흙이
틀 내부로 쏟아진다.

• 토담틀 안에 흙을 부으면 한 사람은 삽이나 발이 많은 쇠스랑으로 흙을 얇게 펼쳐야 한다. 흙이 두꺼우면 겉에만 다져지고 속은 다짐이 잘 되지 않기 때문에 나중에 토담을 해체한 후에 벽면이 좋지 않다.

• 펼쳐진 흙을 다짐기로 잘 다진다.

흙집 관련 온라인 동호회에 한 분이 100년 전에 토담을 치는 귀한 사진을 올린 적이 있다. 지게로 흙을 져다 붓고 절구 공이로 흙을 다지는 사진인데 참 여유로워 보였다. 집을 짓는 공정 중에서 중요하지 않은 공정이 없지만 특별히 담틀집에서는 토담을 치는 일이 다른 어떤 공정보다 중요하다. 그 이유는 다른 공정은 진행하다 잘못되면 수정이 가능하지만, 토담은 한번 쳐 놓으면 헐기 전에는 별 다른 방법이 없기 때문이다. 그래서 토담은 침착하게 여유를 갖고 작업해야 한다.

담틀집을 짓다보면 그 공정이 일반 건축과 동일한 부분들이 많다. 예를 들면 목수 일이나 조적, 전기, 설비, 창호 등이 그렇다. 반대로 일반 건축과 다른 몇 가지 부분은 아는 사람이 드문데, 작업자는 우선 계획과 일정을 세우면서 어떤 장비를 쓸 것인가 결정해야 한다.

필자의 경험으로는 크레인으로 작업하기 위해서는 03포크레인이 필요하다. 작업과정을 설명하자면, 먼저 크레인을 작업공간이 사방으로 잘 보이고 크레인의 길이가 다 닿을 수 있는 자리에 위치시킨다. 포크레인은 흙이 있는 곳에서 흙을 퍼 담는데, 이곳에 인부 1명이 마대도 잡아주고 크레인에 고리도 걸어주어야 한다. 2명은 담틀 위에서 크레인을 유도하여 크레인으로 옮겨온 흙을 틀 안에 붓는 작업을 한다. 또 1명은 틀 안에 부어진 흙을 담틀 안에서 펼치는데 15㎝ 이내로 얇게 펼쳐야만 다짐이 잘 된다. 흙을 펼쳤으면 다짐을 하는데 4~5명이 함께 협동 작업을 한다. 다짐판이 기계의 타격력에 의해 잘 부러지기 때문에 수량을 여유 있게 준비하고, 다짐기도 계속 사용하면 열을 받아서 고장날 수 있어 몇 개 더 준비해 둔다. 사람도 기계도 중간중간 휴식도 취하고 교대도 해주어야 한다.

또 목수 1명은 수시로 틀도 살피고 창문 넣을 위치나 시기를 염두에 두고 일을 진행해야 한다. 30평 정도의 토담을 치려면 열거한 장비와 인력으로 3일 정도가 걸린다. 현장에 들어가면 장비들의 굉음과 다짐기 소리 때문에 때로는 작업자가 흥분하기 쉽다. 먼저 작업자 자신이 여유를 가지고 임해야 할 것이다.

● 이렇게 1단을 다 다지면 창문마다 보강 창틀을 세우고 2단 조립을 한다.

• 마감 높이가 50㎝ 정도 남았을 때 각목 (다루끼)을 50㎝ 길이로 잘라 넣는다. 그 아래에 8번 반생을 길게 잘라서 한번 묶어 담틀 안에 세로로 넣고 반생은 양옆으로 길게 빼놓았다가 나중에 게 다목을 묶을 때 사용한다.

토담치는 작업이 끝나면 그 즉시 담틀 제거 작업을 하는데, 안 해본 사람들은 영 믿지를 못한다. 과감하게 안의 담틀은 바로 제거한다. 우리가 하는 방식은 장비를 효율적으로 사용해야 되기 때문에 마지막 단계에서는 한쪽에서 다짐을 해나가고 한쪽에서는 담틀을 제거하면서 따라가야 장비 사용시간을 줄일 수 있다. 시멘트는 화학 작용에 의해서 자체적으로 열을 내면서 양생된다. 반면 순수한 흙은 바람과 햇빛에 직접 노출이 되지 않으면 마르지 않기 때문에 담틀 안에 그대로 놔두면 점점 습기만 찰 뿐이다. 필히 안쪽 담틀만이라도 즉시 제거해야 한다.

혹 다짐을 하다가 수분이 기준보다 많았던 것 같으면 안쪽 담틀만 제거하고 바깥 담틀은 며칠 놔두는 방법 밖에 다른 수단이 없다. 그 이유는 담틀을 제거하면 토담의 무게 전부를 아래 부분에서 받게 되는데, 다짐이 잘못되었거나 수분이 많으면 아래 부분이 배가 나오기 때문이다. 이렇게 되면 결국 전체가 무너지고 만다.

● 작업 날짜를 줄이기
위해서 크레인 한 대
는 다짐하는 쪽을 전
담하고 다른 한 대는
벽체 조립과 해체를
전담한다.

그래서 바깥쪽은 그냥 두고 안쪽 벽을 며칠 말린 후에 떼어야 한다. 그렇지만 정상적으로 다짐이 된 토담은 즉시 제거하고 다음 공정으로 이어 가야만 장비 사용료도 줄일 수 있고 공기도 단축할 수 있다.

집 전체가 이음새 없이 한 구조체로 시공할 수 있는 것이 토담집의 장점인데, 담틀을 조그맣게 만들어서 토담집을 완성한 집들은 아쉬운 부분이 있다. 담틀을 옮긴 부분마다 커다란 크랙이 생기고 또 개구부를 떼어 놓고 시공을 하거나 나중에 창문을 삽입하기도 하다 보니, 구조체로서의 장점은 기대할 수 없다.

• 담틀을 해체하는 작
업. 잘 다져진 토담의
모습을 볼 때는 그 동
안의 고생을 잊고 감
동에 빠진다.

• 토담틀 전체를 제
거하고 모습을 나타낸
토담

흙벽돌로
내벽 쌓기

담틀을 제거했으면 곧바로 내벽을 쌓아야 된다. 내벽이 지나갈 위치를 정확히 찾아서 빗자루로 깨끗이 쓴 다음 먹줄을 튕긴다. 먹줄 위에 시멘트모르타르를 깔고 시멘트벽돌을 쌓는다. 벽돌의 높이는 바닥 미장 마감을 했을 때 바닥 문틀의 높이를 거실과 같게 할 것인지 문턱을 조금 높게 할 것인지 건축주가 결정하기에 따라서 다소 다를 수 있다.

대개의 경우 스티로폼 50㎜, 와이어 메쉬와 난방 배관 20㎜, 미장 두께 20㎜를 감안하면 최소 90㎜ 이상은 되어야 한다. 시멘트벽돌 위에 문틀을 고정시키는데, 이 문틀을 세우는 작업은 숙련된 기술이 필요하다. 수직과 수평을 정확히 맞추어야 하고 다른 문과의 수평도 정확히 맞춰야 마감했을 때 문 높이가 일정하다.

시멘트 방식의 집은 벽체를 세운 후에 나중에 문틀을 삽입하지만 흙벽돌 벽체는 문틀을 미리 세워 놓고 조적한다. 이때 문틀이 손상되지 않도록 주의하며, 또 칠을 하기 전에 때가 타거나 이물질이 묻으면 지워지지 않으므로 문틀은 세우기 전에 초벌칠을 해주어야 한다.

내벽을 쌓을 때도 바닥은 시멘트벽돌로 20㎝를 쌓아 주어야 공사 중 비가 왔을 때도 흙벽돌을 보호할 수 있다. 이후 보일러 배관이나 미장마감을 할 때도 수분으로부터 흙벽돌이 피해를 입지 않는다.

• 문틀은 세우기 전에
초벌칠을 해주어야 작
업 중에 이물질이 묻
어도 닦기가 좋다.

• 먹줄을 따라서 시멘
트벽돌을 쌓는다.

• 문틀을 세울 때는 수직과 수평을 잘 맞추고, 다른 문과의 높이도 일정하게 맞춘다. 조적할 때 혹시나 움직이지 않도록 단단히 고정해야 한다.

• 세워진 문틀과 문틀을 연결하여 지지력을 높인다.

흙집을 지으려는 많은 이들이 흙벽돌을 어떤 제품으로 선정할지 많은 고심을 한다. 순수하게 흙집을 짓고 자연친화적으로 살고 싶은 소망으로 시작했는데, 막상 시중에서 유통되는 흙벽돌의 성분을 믿을 수가 없다는 이들도 많다. 그래서 직접 생산 공장을 방문하기도 하는데, 대부분의 공장이 어느 정도의 시멘트 성분을 첨가하기 때문에 실망을 하고 돌아서곤 한다.

앞에서 언급했던 것처럼 필자가 담틀집을 선택한 이유 중 하나도 이러한 문제에 봉착하고 나서다. 담틀집은 외벽 전체가 물이나 다른 물질을 섞지 않은 순수한 흙이다. 내벽도 전부 토담으로 시공하고 싶지만 50㎝나 되는 토담의 두께 때문에 실내면적이 줄어들어 건축주들이 꺼리는 면이 있다. 그래서 반강제적으로 하중을 가장 많이 받는 내벽 한 군데만 토담 시공을 하고 나머지는 흙벽돌로 조적한다. 결국 필자도 흙벽돌을 선택하는 문제에 봉착한다. 먼저 국내에서 생산되는 흙벽돌의 제조 과정을 자세히 알면 선택하는데 도움이 될 것이다.

시중에서 유통되고 있는 벽돌은 크게 세 가지로 분류된다. 첫 번째가 전문업체에서 생산하는 양산형 흙벽돌이고, 두 번째는 전문업체에 의뢰해서 주문 생산하는 벽돌, 세 번째는 중소업체에서 순수한 흙으로 찍는 흙벽돌이다. 크게 세 가지로 분류해서 장단점을 비교해 보면 흙벽돌에 대한 이해가 앞서겠지만, 결국 선택은 본인이 결정할 문제다.

현재 가장 많이 유통되고 있는 벽돌은 전문 생산업체에서 생산하는 벽돌이다. 이 벽돌은 강도, 모양, 색상이 좋아서 많은 사람들이 이용한다. 생산하는 업체가 많은데도 대부분 색상이 비슷하다. 이유는 대다수의 소비자가 일정한 색상을 선호하기 때문이다. 반대로 말하면 대부분의 벽돌공장이 염료를 사용해서 늘 동일한 색으로 생산한다는 의미다.

도로 공사하는 현장에서 산을 절토할 때 보면 붉은 흙이 나오는 현장을 본다. 하지만 공사가 진행되고 시간이 지나면 붉은 색상이 엷어지다가 나중에는 색이 변한다. 또 같은 공사 현장이라도 깊이나 위치에 따라서 흙의 색깔이 다르다. 그렇기 때문에 벽돌 공장에서는 생산제품을 동일한 색상으로 유지하기 위해서 산화철을 사용하게 된다. 혹 제품이 출고될 때마다 색깔이 다른 제품은 염료를 사용하지 않고 생산하는 업체다. 또 한 가지는 강도를 높이기 위해서 흙에 돌가루를 섞는데, 이때 운모석이나 게르마늄석의 분말을 쓴다. 게르마늄 함량은 의료기기나 건강 보조기구에 사용할 것이 아니고 흙 벽돌의 강도를 높이기 위해서 넣기 때문에 논의할 필요가 없다. 또한 습기에 강하도록 대부분의 업체에서 시멘트 성분(석회 포함)을 첨가하기도 한다. 각자 업체마다 자기들만의 노하우를 가지고 다른 물질과 혼합하기도 하는데, 이들은 철저하게 보안을 유지한다.

● 시중에 유통되는 흙
벽돌. 자세히 보면 여
러 재료가 혼합된 것
을 알 수 있다.

본인이 시멘트 성분이 전혀 첨가되지 않은 제품을 원한다면 소비자 요구대로 생산해주는 공장도 있다. 다만 기성 제품보다는 가격이 비싼데 사용하는 재료의 차이보다는 인건비와 시간 때문이다. 시멘트 성분이 들어간 제품은 생산하면서 바로 파렛트 작업이 가능하지만 순수 흙제품은 수작업으로 어느 정도 건조시킨 후 파렛트 작업을 해야 되기 때문에 인건비가 추가된다. 물론 이는 회사마다 약간 다를 수 있다. 또한 주문할 때 순수한 흙으로만 요청해도 대부분 돌가루나 모래를 섞는데 전문 생산업체에서는 이미 많은 시험을 해봤기 때문이다. 시멘트 성분만 없으면 돌가루나 모래도 천연 소재이므로 전문가들의 방식에 맡기는 것이 좋을 듯하다.

다음은 중소업체에서 순수한 흙으로만 찍는 흙벽돌이다. 지방 여러 곳을 다니다 보면 국도변에 황토벽돌을 찍어 판매하는 소규모 공장들을 종종 볼 수 있다. 작업 과정을 유심히 보면 순수 황토만을 사용해서 찍는 것을 눈으로 확인할 수가 있다. 이처럼 순수한 흙만을 사용해서 벽돌을 찍을 수 있는데, 전문업체에서는 왜 돌가루나 모래를 섞는 것일까? 그것도 나름대로 이유가 있다. 순수한 흙을 이용해 작은 유압기계로 찍은 벽돌은 건조 과정에서 이미 균열이 많이 생긴다. 유압이 높은 기계를 사용해도 흙과 모래비율이 맞지 않으면 건조하면서 크랙이 생기기 마련이다. 그래서 전문 생산업체에서는 모래나 강도 높은 돌가루를 흙에 섞어 나름의 비율로 벽돌을 만들게 되는 것이

● 황토로만 찍은 벽돌인데, 마르는 과정에서 이미 크랙이 발생했다.

다. 그렇지 않으면 동일한 품질의 벽돌을 생산할 수 없고, 흙에 따라서 색깔도 달라지고 품질도 다를 수밖에 없다.

• 출고를 대기 중인
벽돌들

두 가지 제품을 사용해보면 돌가루를 섞은 전문 생산업체의 벽돌은 어느 정도의 습기에도 견딘다. 그러나 흙으로만 찍은 벽돌에 수분은 절대 금물이다. 때문에 어떤 공장에서는 아예 외벽용 벽돌과 내벽용 벽돌을 구분해서 생산한다. 적은 평수의 황토방이나 내벽용 벽돌로는 순수 흙으로 찍은 벽돌을 사용할 수 있으나, 규모가 좀 있는 건물의 외벽 쌓기에는 적합하지 않다. 외벽이든 내벽이든 사용했다면 반드시 미장으로 마감할 것을 권한다.

• 고택의 화장실

흙집을 지으면서 가장 고심하는 부분이 화장실 처리다. 예전 집들은 화장실을 집 바깥에 두었다. 우리 속담에 '화장실과 사돈집은 멀면 멀수록 좋다'는 말을 봐도 알 수 있다.

예전에 화장실은 생리만 해결하는 곳이었지만, 지금은 화장실의 기능이 훨씬 다양하고 중요해졌다. 세면, 샤워, 목욕 등 전부 물을 써야 되는 행위들이라 흙집에서는 민감한 시공 부위이기도 하다. 해결책은 화장실 벽을 두 겹으

로 쌓되 안쪽 벽은 시멘트벽돌로 조적하고, 바깥은 흙벽돌로 조적하는 방식
이다. 화장실 마감하는 방법은 뒤에 미장편에서 한 번 더 다루기로 하자.

• 화장실 안쪽 벽은
시멘트벽돌로, 바깥쪽
은 흙벽돌로 쌓는 이
중 조적을 한다.

• 미장할 때 갈라지는
현상을 방지하기 위해
토담과 벽돌이 만나는
곳은 중간중간 못을
박아둔다. 벽체뿐만
아니라 문틀에도 자주
박아주어야 나중에 문
이 움직이는 일이 없다.

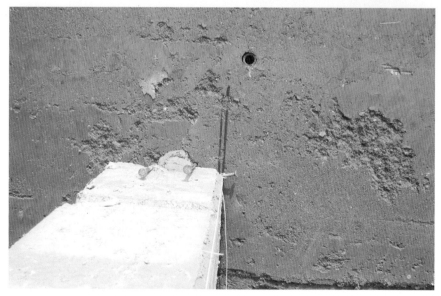

● 내벽을 쌓을 때도 마지막 몇 단을 남겨놓고 중간중간 반생을 넣고 쌓아야 나중에 게다목을 묶을 수 있다.

● 길이가 넓은 미닫이 문틀은 흙벽돌의 무게로 문이 처질 수 있으므로 문틀 위를 빔으로 보강해 준다.

보 걸기와 상량식,
찰주 세우기

보를 걸기 위해서는 먼저 벽체 위에 게다목을 깔아야 된다. 게다목은 두께 15㎝, 넓이 30㎝의 송판을 사용하고 벽돌로 조적을 한 내벽 위에는 두께는 같되 넓이는 20㎝인 송판을 사용한다. 벽체 전체 위에 게다목을 얹어야 되기 때문에 길이가 상당히 길다. 작업 순서는 먼저 규격대로 준비한 게다목을 벽체 위에 얹고 벽체 속에 미리 넣어 두었던 반생으로 단단히 고정시킨다.

• 보를 걸기 위해서는 먼저 게다목을 깔고 벽체 속에 미리 넣어두었던 반생으로 게다목을 묶어서 단단히 고정시킨다. 이때 전체의 수평을 맞춰야 한다.

보로 사용할 목재는 최소한 지름이 33㎝ 이상 되는 것이어야 한다. 최근에는 육송(국산 소나무)을 원하는 건축주들이 많은 편이다. 보로 사용할 굵기의 국산 목재는 구하기가 쉽지 않아서 미리 확보해 두어야 하며, 이를 현장으로 옮겨 와 가공한다.

• 보(도리)로 사용할 목재는 벌목 현장에서 미리 확보하여 현장으로 옮긴다.

• 현장으로 옮긴 목재는 최대한 자연미를 살려서 가공한다.

● 치목장에서 보로 쓸
목재를 다듬는 모습

대부분의 현장이 이즈음 상량식을 한다. 상량문을 쓸 목재는 미리 칠해 두
면 먹물이 먹지 않기 때문에 글자가 들어갈 위치는 칠하지 않은 상태로 깨끗
하게 보관한다. 건축주가 특별히 날짜와 시간을 정하는 경우도 있다. 하지만
대부분 공사일정에 맞추는데, 많은 건축주들이 생전 처음으로 하는 행사라
당혹스러워 한다. 요즘 상량식은 미신적인 의미보다는 일가친지들이 모여 축
하를 나누고, 수고한 일꾼들을 격려하는 자리로 생각하는 것이 옳을 것이다.
그래서 요즘은 돼지 머리를 쓰는 집도 드물다. 음식은 간단하게 준비하면 되
고 주변에 글씨를 잘 쓰는 분께 상량문을 부탁하거나 가족들이 직접 편하게
써도 무관하다. 상량문에 적는 문구 역시 요즘은 형식에 매이지 않고 모년 모
월 모일 모시 날짜만 쓰고 여타 내용을 쓰기도 한다. 대부분 복을 구하는 내
용이며 고유문이나 축문을 작성하여 낭독하기도 한다.

• 상량식의 다양한 표정들

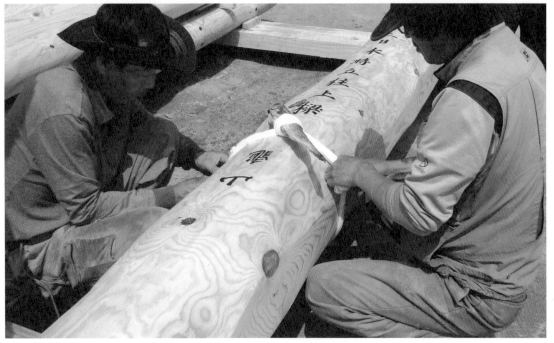

토담을 세우고 주방과 거실, 방 모두를 똑같은 방법으로 보와 서까래를 걸다 보면 전부가 획일적으로 보일 수 있다. 이런 생각이 든다면 찰주 세우기를 고려해 볼 만하다.

찰주는 서까래를 이용하여 기둥 없이 중심을 잡는 것이다. 먼저 어느 정도 찰주의 크기와 높이를 정해놓고 설치할 장소의 바닥면적의 치수를 정확히 측정해 찰주의 높이를 정하면 서까래의 각도에 따라서 모양이 달라진다. 미리 합판에다 찰주 크기와 동일한 원을 그리고 서까래 끝 모양의 본을 떠서 서까래에 대고 그린 후에 모양대로 깎는다.

● 찰주로 사용할 목재를 다듬는다.

• 찰주를 세우기 전에 미리 모양을 내고 다듬는다.

• 찰주를 시공할 높이로 올려서 고정시켜 놓는다.

서까래에 표시해놨던 번호대로 조립하고 서까래의 아래 부분을 게다목에 스크류 볼트를 사용해서 잘 부착시켜 놓는다.

• 다듬어놓은 서까래를 찰주에 끼워 맞춘다.

• 완성된 찰주를 위에서 본 모양

거실은 찰주방식으로 시공을 하고 안방은 상량문을 써서 보를 걸고 나면, 나머지 방들도 상량문만 쓰지 않았을 뿐, 똑같은 크기의 목재로 똑같은 방식으로 보(도리)를 건다.

● 완성된 찰주를 안에서 본 모양

● 각 방마다 보(도리)를 건다.

지붕
만들기

보가 고정되었으면 서까래를 거는데, 보의 상단 중앙에서 좌우의 서까래가 만나게 된다. 각도를 맞추어서 자르는 일이 생각보다 쉽지 않다. 먼저 좌우 게다목에 서까래를 고정시킬 위치에 서까래를 대놓고 보 상단 정중앙에서 서까래를 교차시킨 후 교차된 서까래의 중앙을 긴 기계톱으로 한번에 자르면 각도에 맞춰 자를 수 있다.

• 보 위에 걸쳐 교차된 두 서까래의 중앙을 정확하게 자른다.

사진의 담틀집에서는 특정 부위만 보를 걸지 않고 집 전체를 거는데 거실은 거실대로, 방은 방대로 각기 다르게 보를 걸고 서까래를 건다. 방마다 서까래를 다 걸었으면 서까래 위에 루버를 박는다.

• 절단한 서까래는 보 위에 고정시킨다.

• 방마다 서까래를 고정시킨 모습

146

서까래를 걸고 서까래 위에 루버를 덧대고 나면 집안 천장 부분의 내장과 인테리어 공사가 동시에 끝나는 셈이다.

• 서까래 위에 루버를 박는다.

• 루버 작업을 마치면 루버 표면에 톱밥이나 먼지가 많이 남는다. 시간이 지나면서 목재가 건조되면 이 먼지가 집안으로 떨어질 수 있다. 루버 위를 천으로 덮기 전에 에어호스로 깨끗이 청소를 하는 게 좋다.

● 천장에 사용될 전기
배관을 넣어놓는다.

● 루버 위에 흙을 덮
기 전에 흙의 미세한
가루가 집안으로 들어
오지 않도록 대비한
다. 천연소재의 섬유
나 인체에 무해한 소재
의 천으로 루버 전체를
덮어 주어야 한다.

● 천연소재의 천을 덮고 그 위에 나무를 올려 고정했다.

천 위에 흙을 덮은 다음 트러스를 세우고 지붕을 덮는 공정이 이어진다. 트러스의 기둥은 서까래 위에 고정시켜 세우게 되는데, 지붕의 하중이 특정 서까래에 집중되면 안 된다. 목재 하나에 서까래 전체를 연결해 놓았다가 트러스 기둥을 이 나무에 세워 지붕 무게를 서까래 전체에 분산시킨다.

이때 나무는 기둥을 세울 간격을 염두에 두고 동일한 간격으로 시공해야 한다. 담틀집의 토담 두께는 50㎝이다. 앞에서 게다목을 30㎝ 깔았으니 20㎝가 남는다. 남은 이 곳에 두께 20㎝ 높이 30㎝ 도리목을 설치해야 지붕을 흙으로 덮을 때 바깥으로 흙이 흘러내리는 것을 막고 추녀 서까래를 안정감 있게 걸을 수 있다.

• 도리를 설치한다.

• 천장으로 올라갈 수 있는 사다리를 설치할 위치를 미리 뚫어 놓는다(좌).
• 예비 굴뚝이 나갈 자리(우)

루버 작업을 할 때에 거실에서 천장으로 올라갈 접이식 사다리의 위치를 미리 선정해서 사진과 같이 흙을 덮을 두께만큼 돌출시켜 놓는다.

더불어 예비 굴뚝이 나갈 자리도 아궁이 바로 앞에서 천장 쪽으로 구멍을 뚫어 놓는다. 담틀집은 전기배선이 전부 천장 속에 있고 또 환풍기도 있다. 혹시 지붕에 올라가야 할 일이 있을 때 출입할 수 있는 계단을 꼭 설치해야 후회가 없다.

담틀집에는 지붕 위에 단열재 대신 흙을 덮는다. 최소 20㎝ 이상은 덮어야 단열 효과를 볼 수 있다. 지붕에 덮을 흙은 마른 것일수록 좋다. 수분이 많은 흙을 그대로 사용하면 흙이 마르는 동안 지붕 천장 속에 습기가 찰 수 있기 때문이다. 지붕 속에 환풍기를 설치하는 것도 한 방법이다. 환풍기는 한여름 지붕 속의 더워진 공기를 빼낼 때도 유용하게 사용된다.

지붕 위에 올라가는 흙의 무게가 상당하기 때문에 도리목과 서까래도 굵은 것을 사용하고 루버도 두꺼운 것을 사용한다. 이로 인한 건축비 부담으로 벽체만 흙으로 시공하고 지붕은 패널이나 목재로 마감하는 현장이 많다. 그러나 지붕을 흙으로 덮지 않는다면 흙집의 기능은 기대할 수 없다. 일반주택에서 창문을 빼고 나면 외부로 노출되는 외벽의 면적이 얼마나 되겠는가. 또한 지붕 위에 흙을 올리면 여름철 실내 온도가 내려가고 쾌적하다. 실제 도리목과 서까래를 걸고 루버를 덮는 작업을 하는 동안 후덥지근해서 고생하는데, 지붕에 흙만 올리고 나면 그 순간부터 공기가 상쾌해지는 걸 경험한다. 지붕 흙 작업까지 마치고 나면 현장에 방문하는 손님들이 에어컨을 가동하는 줄 착각하는 경우도 있을 정도다.

지붕 트러스 모양은 집의 형태나 건축주의 취향에 따라 높이나 모양이 달라진다. 마감재 역시 기와로 할 것인지 싱글로 할 것인지 결정해야 한다. 싱글 지붕은 모양 그대로 트러스를 짜면 되지만, 기와지붕은 풍창을 만들어야 하므로 이중 트러스를 짜고, 곡선을 만들기 위해 트러스 위에 또 나무를 덧대는 작업이 필요하다. 특히나 기와 무게를 감당하기 위해 기둥도 튼튼하게 많이 세워야 한다.

● 운반 틀을 이용하여 지붕을 흙으로 덮는 작업

● 지붕 전체를 흙으로 덮은 모습. 흙은 최소한 두께 20㎝ 이상은 덮어야 한다.

• 흙을 다 덮은 후에는 지붕 트러스 작업을 하는데 서까래를 연결해 놓았던 나무를 찾아 그 위에 기둥(받침목)을 세운다.

트러스 짜는 방식에 따라 추녀 모양도 달라지기 때문에 귀서까래는 크기와 모양에서부터 많은 차이가 있다.

먼저 네 귀퉁이에 서까래를 자리잡은 후에 추녀 길이만큼 실을 매어 놓고 이 실에 맞추어서 서까래를 고정시킨다. 기와지붕에서는 평고대를 먼저 대고 원하는 곡선을 잡아 놓은 다음, 평고대에 서까래를 박는다. 평고대는 루버 두께 만큼 홈파기를 해야 된다. 필자가 서까래용으로 쓰는 목재는 길이가 270㎝다. 이 서까래를 150㎝는 지붕 쪽의 트러스와 게다목에 고정시키고 120㎝는 추녀 길이로 내어 놓는다.

• 기와지붕을 씌우기
위해서 1차 트러스를
짠다.

• 기와지붕으로 마감
을 하기 위해 2차 트
러스를 짠다.

● 싱글로 마감을 하기
위해서는 지붕 모양대
로 바로 트러스를 짜
면 된다.

● 기와의 곡선을 만들
기 위해서 1차 트러스
와 2차 트러스를 연결
시킨 모양

• 귀서까래 끝부분 모
양내기

• 귀서까래 곡선 다
듬기

156

● 귀서까래 올리기

● 서까래는 귀퉁이를
먼저 건다.

추녀의 길이가 너무 길면 집이 멋이 나지 않기 때문에 지붕의 모양에 따라 추
녀 길이를 적당하게 빼야 한다. 순수하게 흙으로만 지은 집에서는 추녀의 길
이가 120㎝는 되어야 비가 올 때 사선으로 들이치는 빗물로부터 벽체를 보
호할 수 있다. 추녀의 길이는 지붕의 모양을 잡는 데도 결정적이지만, 흙벽
을 보호히는 차원에서 필수적으로 중요한 요소다.

• 평고대를 설치하고
곡선을 잡은 후 서까
래를 고정시킨다.

• 평고대는 미리 루버
두께만큼 홈파기를 해
놓는다.

방수 시트만 덮어 놓아도 담틀집을 다 지은 기분이 든다. 흙집은 공정 중 비를 맞으면 안 되기 때문에 하루 공정을 마친 후 날씨 예보를 늘 신경 쓰며 방수포를 덮을지 말지 고민하게 된다. 포장으로 집 전체를 덮는 작업이 보통 힘이 드는 작업이 아니기 때문이다. 요즘은 일기 예보가 틀릴 때가 많다보니 더 민감할 수밖에 없다.

● 추녀 서까래를 다 걸었으면 지붕 쪽은 합판을 덮는다. 그리고 추녀 쪽은 루버를 깔아 추녀 천장(노끼덴조)을 마감한다.

퇴근 후 집에 왔는데 갑자기 날씨가 달라지면 새벽이든 밤이든 가리지 않고 현장으로 출동한다. 그동안 토담집을 지으면서 다짐기나 토담틀 같은 시공 방법들을 연구하고 개선해 장족의 발전을 했다고 자부하지만, 비와의 전쟁은 어쩔 수 없다. 이 부분은 아직까지도 미완의 문제로 흙집을 짓는 우리가 풀어야 할 큰 과제로 남아 있다.

• 합판을 다 덮은 모습. 합판을 덮자마자 바로 방수시트 공사를 한다.

• 지붕공사를 하기 전 비를 대비해서 집 전체를 포장으로 씌운 모습

• 후레싱으로 물 홈
통을 접어서 부착하는
모습

• 이중싱글로 지붕을
덮는 모습

162

방수시트를 덮은 후 그 위에 싱글을 씌운다. 요즘은 대부분 이중싱글로 시공한다. 이때 추녀 끝을 동이나 후레싱으로 물 턱을 만드는데, 물이 추녀 마감 송판(시더)에 직접 흐르지 못하도록 물홈통도 설치해야 한다.

싱글을 부착하면 지붕공사가 끝난다. 사진에서 보듯이 흙집이라고 해서 초라하지 않고 또 특별하지도 않아서 자연에서나 도심이나 어디든 거부감 없이 주위 환경과 어울릴 수 있는 모양이다.

지붕의 마감재로는 기와나 돌기와도 있지만 실용적인 면에서는 싱글이 가장 우수하므로 싱글을 보편적으로 사용하는 편이다.

• 싱글로 마감한 지붕
의 모습

• 기와로 지붕을 올리
는 작업

• 흙으로 지붕의 곡
선을 만들면서 기와를
얹고 있다.

간혹 흙집을 짓고 지붕 마감재를 피죽이나 너와로 하는 이들도 있다. 피죽과 너와는 엄연히 다른 것이다. 피죽으로 마감하면 처음에는 흙집 정서에 잘 어울릴지 모르지만, 그 수명은 몇 년밖에 안 되어 지붕을 다시 고쳐야 한다. 그럴 바엔 애초 싱글로 하는 게 나을 것이다.

담틀집
현관 만들기

담틀집 현관문은 대부분 깊숙이 들어가 있다. 대부분의 집들이 현관으로 들어가는 계단을 돌로 시공하는데, 돌이 보기에도 좋고 눈과 비에도 변형이 없는 좋은 소재임이 맞다. 그러나 겨울철에 눈을 맞거나 얼면 너무나 미끄러워

대책이 없다. 집을 고급스럽게 잘 지은 집도 이 문제를 해결하기 위해 나중에
집 모양과 전혀 어울리지 않는 소재로 계단을 만들고 지붕을 올리기도 한다.

• 토담집의 현관부
모습

• 돌출된 계단으로 눈
이나 비가 올 때에 불
편함이 커 다른 소재
로 계단을 덮은 집

그래서 아예 설계 단계에서 현관을 추녀 안으로 바짝 들여 깊숙하게 배치하는 것이다. 이런 구조로 시공하면 계단이 미끄러운 일도 없다.

• 모든 집의 현관을 안쪽으로 설계할 수는 없는 노릇. 돌출된 현관을 멋을 내어 만들기도 한다. 현관 기둥이 들어설 위치에 받침돌을 놓는다.

• 다듬어 놓은 기둥을 세운다.

• 다듬어 놓은 도리목
을 끼운다.

• 완성된 현관

이층
담틀집 짓기

대부분의 사람들이 흙집이 좋은 줄 알면서도 막상 본인이 살 집을 흙으로 짓지 못하고 망설이는 이유가 있다. 그 중에는 '흙으로만 집을 지었을 때 구조체로서 얼마나 안전할 수 있을까?'하는 의구심도 포함되어 있다. 어려서 흙집에서 살아본 필자도 직접 흙집을 지으려고 생각하면서 이 문제를 심각하게 고려했다. 하지만 막상 흙집을 지어가면서 매번 느끼는 사실은 흙은 우리가 알고 있는 것 이상으로 강도나 응집력이 뛰어나다는 점이다. 이제 아무런 보강재 없이 순수한 흙으로만 지어도 몇 층은 올라갈 자신감을 얻었다. 그래서 주저 없이 건축주가 원하는 대로 이층을 시도했다. 예상한 대로 구조상 전혀 문제가 없었고, 건축주도 너무나 흡족해한 사례를 소개한다.

• 시멘트집에서 이층이 올라갈 부분은 슬래브를 친다. 토담집에서는 20㎝ 굵기의 목재로 바닥을 만들고 4㎝ 두께 송판으로 바닥을 깔았다. 이 부분이 시멘트집의 슬래브에 해당된다.

• 토담으로 이층집을 짓는 데 전혀 문제가 없지만 벽면이 높아질 수록 사선으로 들이치는 빗물로부터 벽면을 보호해야 하기 때문에 층 사이에 처마를 내야 한다.

• 이층에 토담틀을 설치하는 작업

1층 천장을 보 걸기와 찰주로 마감했기 때문에 2층은 트러스 공법이 적용되었다. 트러스는 땅 바닥에서 제작해서 크레인으로 들어 올려 조립하는 방법도 있지만, 지붕 위에서 조립하는 방법으로 진행되었다. 먼저 도리목을 다듬고 트러스가 들어갈 위치를 정확하게 재서 트러스 보가 들어갈 수 있도록 끌 구멍을 낸다.

• 2층 토담틀을 해체한 모습

• 도리목의 끌 구멍으로 보를 끼워 넣는 작업

보는 동자주가 들어갈 정중앙에 구멍을 파고 서까래와 마주칠 아래쪽에도 끌 구멍을 뚫어 놓아야 한다. 이때 서까래의 정확한 각도를 계산해서 끌 구멍의 각도를 조절해야 한다. 끌 구멍을 다 팠으면 도리목에 끼워놓고 보 위에 만들어 놓은 동자주를 세운다. 이 동자주 위에 서까래를 걸 수 있도록 창방을 끼워야 한다.

• 보 위에 들어갈 동자주

• 보 위에 동자주를 설치한 모습

• 동자주 위에 창방
을 끼워 놓은 모습. 설
치한 창방에 서까래를
걸으면 트러스가 완성
된다.

• 서까래의 돌출된 부
분은 보 구멍에 끼우
고 위 부분은 동자주
에 연결한다.

• 서까래를 걸어놓은 모양

• 완성된 트러스

• 트러스 위에 루버를 깔고 단열을 위해 흙을 덮는다.

• 추녀 서까래를 거는 작업

• 완공된 2층 토담집

5장

구들 놓기

5

우리의 빼어난 온돌 문화, 구들

우리나라 구들장은 세계에서 가장 발달한 온돌 문화다. 담틀집을 지으면서 방 하나는 전통 방식으로 구들을 놓는다. 아궁이를 거실에 설치하고 집 안에서 불을 때는 재미가 쏠쏠하다. 그래서 늘 하는 이야기가 바깥에서 불을 때면 노동이지만, 거실에서 불을 때면 낭만이란 것이다.

대부분의 사람들이 거실에서 불을 땐다고 하면 페치카를 연상하지만 구들은 페치카와 차원이 다르다. 불을 때고 난 후, 따끈따끈한 구들방 아랫목에서 허리를 쫙 펴고 누우면 그 온기가 몸 속에 들어와 어느새 시원한 감동을 받는다. 우리가 사는 아파트나 일반 주택은 데운 물이 바닥의 엑셀 관을 통과해 난방하는 방법인데, 돌로 구들을 놓고 황토 흙으로만 미장한 구들방은 장작을 때서 직접 난방한다. 그 따뜻함은 앞의 방법들과 비교가 되지 않는다.

　　시멘트집에서는 방바닥이 뜨거우면 답답해서 창문을 열게 된다. 반면 흙집의 구들방은 방이 아무리 뜨거워도 실내공기는 상쾌하고 쾌적하다. 흙집을 선호하지 않는 이들도 거실에 설치된 아궁이를 보면 그 매력에 바로 반하곤 한다. 대부분의 사람들이 거실에서 불을 때면 실내에 연기가 찰 것이라고 걱정한다. 하지만 고도의 기술이 필요한 것이 아닌 불과 공기의 원리만 알면 누구나 간단히 이해하고 시공할 수 있다.

구들을 놓는 방법은 몇 가지가 있는데, 우리가 시공하고자 하는 방법은 '함실 구들'이다. 옛집에서는 음식을 조리하기 위해 불을 때는 경우가 대부분이었고, 순수하게 난방만을 위해서 때는 불은 '군불'이라고 했다. 그러나 요즘은 별도의 조리기구들이 따로 있으니 솥을 설치하는 아궁이는 필요 없다. 솥을 걸으면 열의 대부분을 솥이 잡아먹는다. 함실 구들은 솥을 걸지 않고 바로 구들장 밑에 불을 때는 방식이기 때문에 나무는 훨씬 덜 드는 대신 방은 더 따뜻하다.

구들방을 설치하기 위해서는 기초 부분부터 신경쓸 일이 많다. 기초 매트 슬래브를 타설할 때 구들방 부위는 레미콘을 타설하지 않는다. 구들을 설치하기 위해서는 어떤 방식이든 구들을 고이는 구들 고래가 필요한데, 고래가 높으면 구들방 천장은 낮아지게 된다. 다른 실들과 천장 높이를 유지하기 위해서 집 전체를 높일 수 없기 때문에 바닥은 거실보다 낮게 해야 한다. 또한 함실 구들 방식에서는 구들 고래의 깊이가 어느 정도 확보되어야 축열 효과를 높일 수 있다.

처음 시공하는 이들은 구들 고래의 높이를 많이 궁금해하는데, 50㎝에서 1m까지는 무난하다. 예를 들어 본인이 시공하고자 하는 구들 고래의 깊이를 50㎝로 계획했다면 아궁이 바닥은 거실보다 20㎝ 낮춰 시공하고 구들방은 거실보다 30㎝ 높게 시공한다. 이 방법대로 따르게 되면 기초 되메우기를 한 후 매트 슬래브를 타설할 때 구들방 부분만 타설하지 않으면 되는 것이다.

구들방을 시공하면서 꼭 염두에 두어야 할 점은 불은 낮은 곳에서 높은 곳으로 이동한다는 원리이다. 이를 늘 염두에 두고 모든 공정에서 이 법칙을 적용시켜야 한다.

아궁이와
함실 쌓기

필자가 어릴 적 살던 집에도 돌로 만든 아궁이가 있었다. 저녁에 밥을 짓고 설거지가 끝나면 아궁이를 삼태기로 막아 놓았다. 저녁에 아궁이로 찬바람이 들어가서 방이 쉽게 식는 것을 방지하기 위해서다. 우리 집뿐 아니라 그때는 동네 대부분의 집들이 그랬기 때문에 집집마다 불에 조금씩 타고 그을은 삼태기를 볼 수 있었다. 그 후에 철로 제작된 뚜껑 달린 아궁이가 나와서 아궁이를 교체하는 것을 많이 보았다. 지금은 이 철로 된 아궁이를 구하기가 힘들다. 어쩌다 시골 철물점에서 찾기도 하지만 크기가 마음에 안 들어서 직접 만들어 쓴다. 크기는 내경 가로 30㎝, 세로 40㎝로 250㎜ 두께의 ㄷ자 철판으로 제작하고 뚜껑은 7㎜ 두께의 철판으로 만든다.

• 매트 콘크리트를 타설할 때 구들방과 아궁이 부분은 레미콘을 타설하지 않는다.

• 직접 주문 제작한 아궁이. 사람이 들기 어려울 정도로 무게가 나간다.

• 내벽을 쌓을 때 위치를 잘 잡아서 아궁이를 넣고 조적한다.

● 벽면에 표시된 먹
줄은 정개 높이를 정
해놓은 것이다. 사진
에서 왼쪽이 윗목이고
낮은 오른쪽이 아랫목
이다.

● 정개는 벽면쪽을 먼
저 쌓는다.

왼쪽 사진에서 보이는 것처럼 윗목을 높게 쌓아야 불 흐름이 좋다. 구들 정개를 쌓을 때 예전에는 막돌을 주워다가 흙 반죽으로 쌓았다. 지금은 적당한 크기의 막돌을 구하기도 쉽지 않고, 있다손 치더라도 규격이 일정치 않은 막돌을 쌓으려면 숙련된 기술의 인력이 필요하다. 그래서 선택한 자재가 적벽돌이다. 이 적벽돌도 순수한 흙에 열을 가해서 만들어진 제품으로 구들 고래 쌓는 재료로 전혀 문제가 없다. 다만 구들 고래는 계속해서 열을 받으므로 시멘트모르타르로 조적하면 안 되고 순수한 흙을 반죽해서 구들 정개를 쌓아야 한다.

흙모르타르는 쌓을 때에는 약해 보여도 열을 받게 되면 점차 강도가 세지기 때문에 염려할 것이 없다. 구들 정개로 사용할 적벽돌은 벽돌 판매소에 가서 가장 오래되고 안 팔리는 적벽돌을 구입하면 상상 외로 싸게 구입할 수 있다. 사진에서 시공한 구들방 사이즈는 가로 3.6m, 세로 3.6m인데 구들 정개 높이 50㎝를 시공하는데 적벽돌 2천장 정도가 소요되었다.

적벽돌과 흙모르타르가 준비되었으면 사방 벽면의 정개를 먼저 쌓는다. 사방 벽에 먹줄은 윗목은 10㎝ 높고 아랫목은 낮은 상태에서 옆면은 약간 대각선으로 표시한다. 구들방 바닥을 고를 때도 윗목 쪽(굴뚝이 나가는 쪽)을 10㎝ 정도 높게 한다. 불은 낮은 곳에서 높은 곳으로 이동하는 성질이 있으므로 불 흐름을 좋게 하기 위함이다. 이는 바닥뿐만 아니라 구들 정개를 쌓을 때도 적용시켜야 한다.

벽면에 표시된 줄을 따라서 적벽돌 한 장 쌓기로 너비 약 10㎝의 정개를 쌓는다. 여기서 아궁이 부분과 굴뚝 나가는 자리는 빼놓는다. 사면 벽을 다 쌓았으면 함실을 설치하면 되는데, 아궁이 앞쪽으로 반원형으로 넓고 크게 쌓는다. 밖으로 내면서 쌓은 함실은 보강철을 놓고 미장한다. 함실이 크기 때문에 구들을 놓을 수가 없으니 함실 방식에서는 보강철이 꼭 필요하다.

- 적벽돌로 7단 높이의 함실 쌓기. 5단을 쌓을 때 부넘기 구멍을 빼놓는데 양옆으로 두 개씩, 가운데 2개를 빼 놓으면 충분하다(좌).
- 반원형으로 함실을 쌓는데 크기는 아궁이에서 80㎝ 떨어지면 적당하다(우).
- 함실은 직선으로 쌓는 것이 아니라 위로 올라오면서 밖으로 넓혀 가면서 쌓아야 불길이 잘 오른다(좌).
- 구들장을 얹기 위해서는 보강철을 사용해야 한다(우).

고래 쌓기와
구들장 놓기

앞의 사진에서 시공한 구들방의 크기는 가로 360㎝, 세로 360㎝ 넓이다. 360㎝의 넓이에 줄 고래 방식으로 고래를 6개 만들었다. 이미 사방 벽 쪽으로 두께 10㎝의 정개를 쌓았으니, 이 정개에서 40㎝씩을 띄어서 벽돌 2장 쌓기(이찌마이)로 5줄을 쌓으면 구들 고래가 6개 나온다.

쌓는 방식은 함실에서부터 붙여서 쌓는 것이 아니라 함실에서도 30㎝를 띄어 쌓고 윗목 벽 쪽에서도 30㎝를 띄어서 줄 고래를 개방시키지 말고 고래 사이를 막아 쌓는다. 윗부분에서 벽돌 1장 정도만 떼어내면 고래와 굴뚝 개자리 사이도 부넘기 구멍 같은 기능이 이루어진다. 이는 구들 고래 사이로 들어온 연기나 열이 최대한 고래 속에 오래 머물게 하는 장치다. 또한 아궁이에서 발생한 열과 연기가 굴뚝으로 이동하는 속도를 최대한 늦추는 데도 효과가 있다.

• 구들 정개를 다 쌓아 놓은 모습. 구들 정개는 함실에서도 30㎝ 정도 띄어서 쌓는다.

구들 정개를 다 쌓았으면 2~3일 말렸다가 공기가 새어 나가지 못하도록 사방 벽면에 흙을 잘 발라 준다. 만약에 공기가 새는 곳이 있으면 굴뚝으로 연기가 잘 나가지 못한다. 공기가 새는 곳이 있다면 고래 안의 공기가 진공이 안 되어 굴뚝에서 연기를 빨아들이지 못한다. 모터로 지하수를 퍼 올릴 때 흡입 부분에서 에어가 새면 물이 올라오지 않는 이치와 같다.

　　함실 안쪽에도 동일하게 흙미장을 잘 해줘야 한다. 가끔 구들방을 설치했는데 불이 잘 들이지 않고 아궁이 쪽으로 역류하는 증상이 있다고 문의

하는 이들이 있다. 구들은 이미 시공된 상태라 환풍기를 설치하라고 권하는 데, 그래도 효과가 없으면 100% 고래 안에 공기가 새는 현상이 원인이다.

• 벽 쪽으로 만들어놓은 구들 고래 모습. 외부 공기가 새어 들어오지 못하도록 벽 쪽은 미장을 철저하게 해야 한다.

• 아궁이 바깥쪽에서 본 함실 모습. 함실 안쪽에도 미장을 잘 해서 불 넘기 구멍으로만 열기가 나갈 수 있도록 한다.

공기가 들어올 수 있는 곳이 아궁이 뿐이라면 굴뚝에서 환풍기로 빨아들일 때 연기가 나가지 않을 이유가 없다. 그만큼 기밀이 중요하다.

• 구들 고래에서 굴뚝 개자리 쪽으로 나가는 구멍 주위도 흙을 잘 발라 주어야 한다.

• 재래식 아궁이는 솥으로 열기를 많이 뺏긴다.

예전에는 음식을 조리하기 위해 불을 때는 목적이 컸기 때문에 아궁이를 되도록 낮게 하고 위에 솥을 걸었다. 아궁이 바닥과 솥의 거리가 멀면 불을 땔 때 상대적으로 솥에 전달되는 열이 적어지기 때문이다. 따라서 재래식 아궁이에서는 불이 고래로 너무 잘 들어가면 안 되고 솥으로 열이 많이 가는 구조로 설치할 수밖에 없었다.

어릴 적 어머니를 도와서 밥솥에 불을 땔 때면 불꽃의 위치가 솥 중앙에 닿을 수 있도록 나무를 아궁이 바깥쪽으로 끌어내면서 때곤 했었다. 재래식 구들 방식은 구들 고래가 깊지 않아 축열 공간이 적기 때문에 구들 고래로 전해진 열과 연기도 머물 곳이 없이 금새 굴뚝 밖으로 빠져 나간다. 또 솥을 두 개 이상 걸게 된 아궁이는 열을 더 뺏기게 된다.

이에 반해 함실 아궁이에서는 구들장 밑에서 바로 불이 연소되므로 조금만 장작을 때도 아랫목이 금새 뜨거워인다. 축열 공간이 넓어 그 온기도 며칠씩 지속된다.

구들방을 설치하기로 마음을 정하고 나면 가장 걱정되는 것이 구들장이다. 예전에는 구들장을 뜨는 곳이 있었지만 지금은 찾기 어렵다. 가끔 지나다 보면 옛날집을 허물 때 구들장이 나오기도 하는데, 옛날 전통 방식으로 쓰던 구

● 솥 뒤쪽으로 불이 들어가는 재래식 고래

들장은 크기가 작아서 함실 구들 방식에 적합하지 않다.

요즘은 중국에서 현무암을 수입하는 곳이 많아져 이를 구입해 쓰면 된다. 꼭 전통방식으로 시공하고자 한다면 충북 옥천의 담양리에 아직도 구들장을 뜨는 곳이 있으니 참고한다.

• 중국에서 수입된 현
무암 구들장

• 충북 옥천군 안내면
답양리에 있는 구들
공장

구들이 준비되었으면 구들 놓는 작업을 한다. 앞서 언급했듯이 특별한 기술 없이도 시공할 수 있다. 하지만 몇 가지 알아 둘 상식이 있다. 첫 번째로 구들 돌을 구들 정개 위에 얹어놓고 그 위에 올라가서 전후좌우로 흔들어 봐서 끄덕거림이 없는지 확인해야 한다. 처음 시공하는 이들이 구들이 조금 흔들리더라도 나중에 사이를 모르타르로 채우고 흙을 덮고 미장할 요량으로 넘어가는 경우가 있다. 희한하게도 조금 끄덕이던 구들장은 미장 후 마른 후에도 여전히 끄덕인다. 때문에 각 장을 놓을 때마다, 구들장 위에 올라가서 발로 흔들어서 확인하는 과정이 필수다.

• 구들장을 구들 정개 위에 얹은 모습

구들장을 정개 위에 다 올렸으면 구들장 사이를 진흙 모르타르로 메워야 한다. 구들장이 움직이지 않도록 모든 틈과 사이를 잘 메운다. 이 작업을 '거미줄을 친다'고도 하는데, 옛날 전통 방식에서는 이 작업이 끝난 상태에서 보면 흡사 거미줄을 친 모양과 비슷해 그렇게 불렀다고 한다. 거미줄을 다 쳤으면 아궁이에 신문지나 종이를 태워서 연기가 새는 곳이 있는지 꼭 확인을 거쳐야 한다. 소금이라노 미흡한 점이 발견되면 반드시 바로 잡은 다음, 이상이 없음을 확인하고 다음 공정으로 넘어가야 한다.

함실 구들은 불을 조금만 때도 아랫목이 너무 뜨거워 장판이 타는 일이 자주 발생한다. 그래서 아랫목은 겹구들(이중구들)을 놓는다. 해결 방법은 간단하다. 구들을 다 놓은 후 두께가 얇은 구들을 아랫목 부분에 한번 더 까는 것이다. 먼저 깔아놓은 구들 위에 직접 놓지 않고, 반생을 몇 가닥 잘라 넣어서 먼저 깔려 있는 구들과 공간을 두는 것이 바람직하다. 공간을 두지 않고 바로 겹쳐 놓으면 두께가 두꺼운 구들장을 놓은 것이나 마찬가지기 때문에 의미가 없다.

• 함실 부분은 겹구들을 놓는다. 구들장 사이 반생을 끼워 공기층을 둔다.

아궁이에 종이를 태워서 굴뚝으로 연기가 이상 없이 잘 나가면 구들장 위에 흙을 덮는다. 방바닥을 평평하게 고르기 위해서는 흙 두께를 계산해서 사방 벽에 레벨을 잡아서 먹줄을 그려놓고 먹줄까지 흙을 채운다. 이때는 마른 흙이 아니라 약간 축축한 흙으로 채운 후에 잘 다져준다.

- 레벨에 맞춰 먹줄을 튕긴 후 구들 위에 황토흙을 깔고 약간 축축하게 물을 뿌려 다져준다(좌).
- 흙에 방충과 탈취 기능을 하는 숯도 함께 뿌려준다(우).

함실 구들을 설치하고 불을 때보면 함실 바로 윗부분과 아랫목은 금방 뜨겁게 되는데, 윗목까지 뜨겁게 하려면 나무도 더 들어가고 시간도 걸린다. 이러다 보면 불이 직접 닿지 않는 가장 자리나 윗목에 습기가 차는 경우가 생긴다. 이럴 때를 대비해 보일러 배관을 구들방 가장자리에 설치하면 문제를 해결할 수 있다. 참고로 구들방은 너무 크게 하지 않는 것이 좋다.

흙을 덮은 후에 2~3일 동안 자연 건조를 한 다음, 처음에는 불을 조금씩 때어 말리기 시작한다. 건조하면서 갈라지는 부분은 흙으로 때우면서 계속 말린다. 흙이 완전히 마른 후에 마감 미장을 하면 구들방 공사는 끝나게 된다.

일반 난방공사를 할 때 미장을 두껍게 바르지 못하는 이유는 배관 위가 너무 두꺼우면 방이 뜨겁지가 않기 때문이다. 그러나 흙은 축열 효과가 좋아 두껍게 발라도 전혀 문제가 없다.

- 구들방 가장자리는 난방 배관을 깔아준다 (좌).

- 마감 미장을 마친 구들방(우)

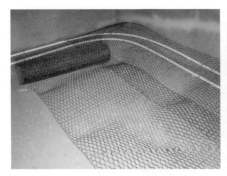 

굴뚝
설치하기

구들방에서 구들 못지않게 중요한 것이 굴뚝이다. 아무리 구들을 잘 놓았어도 굴뚝을 잘못 설치하면 불도 잘 들지 않고 방도 따뜻하지 않다. 건물 기초를 할 때 직경 250㎜ 정도로 굴뚝 나갈 자리를 만들어 놓고, 이곳으로 굴뚝을 빼 내고 굴뚝 개자리는 건물 밖에 설치해도 무방하다. 단, 굴뚝 개자리는 고래보다 깊이 설치해야 역풍을 차단하는 효과를 볼 수 있다.

예전에는 굴뚝으로 사용할 수 있는 토관을 건재상회에서 구입할 수 있었으나, 지금은 토관 파는 곳을 찾을 수 없어 어떤 자재를 써야할 지 고민이 었다. 그래서 사용하게 된 것이 흄관(철근콘트리트관)이다. 열에도 강하고 연기에도 잘 견디는 소재임에는 분명한데 너무 무거워 다루기 힘든 단점이 있다.

그래도 어떠한 열이나 가스에도 부식될 염려가 없으며 철관보다 값도 저렴하고 수명도 반영구적이다.

굴뚝을 세우려면 먼저 굴뚝 개자리를 만들어야 한다. 개자리는 고래보다 낮아야 되며 반드시 바닥에 방습을 해주어야 불이 잘 든다. 앞선 사진은 굴뚝 뒤편으로 공간에 여유가 있어서 굴뚝 개자리를 멀리 설치하고 굴뚝을 쌓은 모습이다. 시각적인 효과를 높이기 위해서 일부러 멀리 설치를 한 개자리인데, 굴뚝을 쌓으려면 추녀 끝을 벗어나야 되기 때문에 연도가 꼭 필요하다. 연도도 안쪽으로 반드시 미장을 철저하게 해야 한다.

연도와 굴뚝이 만나는 지점에는 환풍기를 단다. 굴뚝 위에 달아놓으면 환풍기에 문제가 생겨도 수리하기 어렵기 때문에 아래쪽에 설치하는 것이다.

• 굴뚝 개자리를 만들고 굴뚝을 쌓는다. 개자리를 다 쌓았으면 굴뚝을 쌓아 올라가면서 개자리 안쪽도 공기가 새지 않도록 미장을 잘 해주어야 한다.

• 건물 뒤편에 여유가 없어서 토담을 칠 때 아예 200㎜ 철관을 넣고 토담을 쳤다.

굴뚝은 지름 1m는 넘어야 멋이 난다. 간혹 한옥 기와집은 잘 지었는데, 굴뚝이 너무 왜소하고 초라해서 집과 어울리지 않는 모양새를 보곤 한다. 담틀집의 처마 길이는 1m가 넘는데, 굴뚝이 추녀를 뚫고 나오지 않기 위해서는 뒤편 공간이 최소한 2m 이상 여유가 있어야 한다. 이런 공간이 없으면 토담을 칠 때 미리 속에 굴뚝을 넣어놓고 칠 수밖에 없다.

굴뚝도 지름과 높이를 어느 정도로 할 지는 건축주 취향에 따라 다를 수밖에 없다. 다만, 마지막은 연기가 옆으로 나올 수 있도록 구멍을 빼놓고 쌓되 상단은 비가 굴뚝 안으로 들어가지 않는 구조로 마무리해야 한다.

• 굴뚝을 쌓는 과정

• 상단 마무리는 비가
굴뚝으로 들어가지 못
하도록 미장한다.

• 완성된 굴뚝

앞선 사진은 굴뚝의 완성된 모습이다. 상단은 막아서 빗물을 방지하고 연기는 옆으로 빠지게 만들었다. 연기가 나가는 배출구는 4면 정도 뚫어두는 것이 좋다. 지붕 쪽으로 연기가 닿는 것이 꺼려져서 3면만 오픈한 적이 있는데, 바람이 들어와서 회전하는 현상이 생겨 결국 나머지 면도 뚫어야 했다.

• 그동안 시공한 여러
형태의 굴뚝

• 그동안 시공한 여러 형태의 굴뚝

• 옛날 전통 한옥의 굴뚝

아궁이를 넣고 벽을 다 쌓았으면 그 아궁이 앞에 예비 굴뚝을 설치한다. 많은 사람들이 이 부분을 페치카로 오해하는데, 예비 굴뚝은 연기가 거실로 들이치지 않고 빠져나가는 통로 역할을 한다. 또한 아궁이의 재를 치울 때 나는 먼지도 이곳으로 빠져 나간다. 물론 페치카 역할도 할 수 있고 인테리어 효과도 얻을 수 있다. 불을 다 때고 아궁이의 불을 이곳으로 끄집어내면 뚝배기 된장도 끓일 수 있다. 응용하면 상당히 쓸모가 많다.

만드는 모양이나 방법은 주인장의 취향에 따라 다를 수 있으나 너무 크면 아궁이에 장작을 넣을 때 불편할 수 있으므로 적당한 크기를 선택한다. 반원형이든 타원형이든 아궁이 앞의 면적에 따라 적당한 크기로 예비 굴뚝을 쌓는다. 아궁이 보다 약간 넓게, 높이는 아궁이 보다 30㎝ 정도 높게 타원형의 문도 내어 만든다. 적당한 크기와 높이에서 줄여가면서 끝에는 200㎜ 관을 넣고 굴뚝 쌓는 작업을 마감한다. 이 관은 지붕 트러스를 뚫고 외부로 노출된 굴뚝으로 이어진다.

• 예비 굴뚝의 문은 아궁이보다는 넓게 높게 시공하며 이때 문 모양을 만든다.

• 적당한 위치에서 넓이를 줄여가면서 쌓는다.

굴뚝용으로 200㎜ 관을 넣고 마무리하고 굴뚝은 길게 해서 지붕 트러스 밖에서 마감한다.

• 천장을 통해서 지붕 위로 나온 아궁이 앞의 굴뚝을 마무리 한 모습

● 아궁이 앞의 예비
굴뚝이 마무리된 상태

● 아궁이 앞의 예비
굴뚝

• 주인의 취향에 따라
각기 다른 모양의 예
비 굴뚝

불 때는 요령

불을 때는 것도 요령이 있다. 특히 실내에서 때야 하기 때문에 몇 가지 불의 성질에 대해서 알아두면 좋다. 구들 놓는 방식과 굴뚝 설치하는 방식을 제대로 알고 적용했다면, 대부분 불이 잘 들어간다. 하지만 불은 찬 곳보다는 더운 곳으로 이동하고, 낮은 곳에서 높은 곳으로 이동한다. 오래도록 불을 때지 않아서 고래와 굴뚝이 습할 때는 불이 잘 들이지 않을 뿐만 아니라 거실이 더울 때도 불이 잘 들지 않는다. 이때는 창문을 열어 공기를 회전시켜 주면 불이 잘 들어간다. 그러나 겨울에 문을 열고 불을 땔 수 없으니 굴뚝 개자리와 굴뚝 사이에 설치한 환풍기를 이용하면 강제로 공기 순환이 가능하다.

아궁이에 불을 때다 보면 장작에 불 붙이는 일이 가장 어려운데, 많이 하다 보면 요령이 생긴다. 먼저 적당한 굵기의 장작을 아궁이 넓이보다 약간 작게, 여러 개를 절단하여 준비한다. 불을 땔 때마다 한 개는 받침 역할을 할 수 있도록 아궁이 안에 가로로 넣어 놓고, 그 위에 장작을 나란히 쌓는다. 장작의 길이와 상관 없이 아궁이 안쪽으로 길게 넣고 바깥쪽으로는 10㎝ 정도 내밀게 한다. 그러면 장작 뒤쪽이 번쩍 들린 상태가 된다. 여기에 라면상자 같은 종이 박스를 찢어서 불을 붙이면 아주 적은 양으로도 금방 불을 붙일 수 있다. 라면 상자 한 개 정도면 4번 정도 불쏘시개 역할을 할 수 있다.

• 장작이 뒤가 들리도
록 쌓는다.

• 들려진 공간에 불을
붙여 넣는다.

불이 다 붙으면 부지깽이를 이용해서 함실 안으로 밀어 넣는다. 부지깽이는 13㎜ 철근으로 만드는데, 손잡이 부분을 만들고 끝 부분을 'ㄱ'자로 구부려 놓으면 장작을 함실에 밀어 넣기도 좋고, 고구마를 구워서 꺼낼 때도 유용하다. 불을 땔 때는 집게도 필요하다. 잘게 자른 골판지 등에 불을 붙여 장작 밑으로 넣어 줄 때 쓴다. 이렇게 불 때기가 끝나면 아궁이 앞에서 불을 즐긴다. 아무튼 불 때기는 낭만적인 일이다.

6장
—
내부 마감 및 기타
부대 공사

6

화장실
공사

담틀집의 화장실 안쪽은 시멘트 벽돌, 바깥은 흙벽돌로 이중 조적을 한다. 이때 안쪽에서 방수를 철저하게 해야 물을 계속해서 사용해도 하자가 발생하지 않는다.

- 화장실은 방수공사를 철저히 한다(좌).
- 화장실 바닥에 난방 배관을 넣은 모습(우)

화장실 바닥에도 난방 배관을 넣는다. 그래야 겨울철에 화장실을 이용하고 샤워를 할 때 추위 때문에 불편함이 없다. 방수공사를 끝낸 후에는 타일공사를 하는데, 일반 건축물과 동일한 과정이므로 설명은 생략하기로 한다.

화장실은 물을 사용하기 때문에 매트 콘크리트를 타설할 때 다른 곳보다 낮게 타설하거나 출입문 턱을 다른 곳보다 높게 시공한다. 간혹 바깥에서 출입문을 안으로 열 때 욕실 슬리퍼가 걸리는 경우가 있다. 이런 여러 가지 이유로 화장실 문턱을 대부분 높게 시공한다. 그러나 단점도 있다. 화장실에 들어서면서 한 발을 슬리퍼 위에 뻗다가 넘어지는 경우가 종종 발생한다. 화장실 안에 물기가 있으면 바닥이 미끄러워 노인들은 특히나 넘어지기 쉽다. 이런 경우 화장실 안에 샤워실을 별도로 분리하는 것도 한 방법이다. 방과 화장실의 바닥은 높이를 동일하게 맞추고 물을 사용하는 화장실은 한 단 낮게 설치하고 별도의 문을 다는 것이다.

• 화장실과 방과의 높이 차이를 없앴다.

위 사진과 같이 화장실 바닥과 벽 전체를 나무로 시공해서 슬리퍼 없이 바로 출입할 수 있도록 했다. 이러한 반건식 욕실은 고급스러운 분위기로 건축주들의 호응이 높다. 타일공사가 끝난 후 변기와 세면기를 붙이는데 흙집이라는 편견을 깨고 화장실만큼은 고급스럽게 꾸며보기를 권한다. 집이 완공된 후에 화장실이 고급스러우면 집 전체가 품격 있어 보인다.

● 바닥에 타일을 붙이지 않고 나무로 마감한 화장실

● 화장실과 샤워실을 분리해 별도의 문을 낸 안방 화장실

주방에 싱크대를 설치할 부분은 벽면에 타일 마감을 해야 한다. 토담 위에 철망(나스)을 치고 못으로 고정시킨 후에 시멘트로 초벌 바르기(시다지 넣기)를 하고 타일을 붙이기 위해서 미장한다. 시멘트를 사용하는 것이 내키지는 않지만 어쩔 수 없는 선택이다. 조리대에서 요리를 할 때 국물이나 기름이 튀고, 물을 자주 쓰는 공간이기 때문에 토담벽을 그대로 쓸 수는 없다.

● 타일을 붙이기 위해서 시멘트 미장을 한 모습

미장
공사

시멘트집을 지을 때도 레미콘으로 옹벽을 치고 그 위에 미장공사를 할 때가 있다. 먼저 타설해 놓은 레미콘과 나중에 시공하는 미장 모르타르는 강도가 다르기 때문에 미장 모르타르가 잘 붙지 않는다. 그럴 경우는 옹벽에 몰다인(수용성 모르타르 접착강화제)을 먼저 바르고 미장한다.

담틀집에서도 먼저 쳐놓은 토담과 나중에 미장하는 모르타르 강도가 다르기 때문에 당장은 괜찮지만 몇 년이 지나면 미장 부분만 들떠서 갈라지거나 떨어지는 경우가 생긴다. 이 문제를 해결하기 위해서 토담에 철망(나스)을 치고 미장을 한다. 이렇게 하면 흙이 갈라지는 현상을 막는데 도움이 된다. 건재상에서 가는 철망을 구입해서 토담벽 길이만큼 자르고 3인치 못에 엽전 와셔를 끼워서 토담벽에 철망을 고정한다. 이 작업을 현장에서는 '나스를 친다'고

표현한다. 이때는 철망이 출렁대지 않도록 단단히 고정시켜야 미장하기가 좋다. 요즘에는 철 재질뿐만 아니라 다양한 소재의 망사가 있어서 선택의 폭이 넓어졌다.

- 시간이 지나면서 떨어진 흙미장(좌)
- 토담벽에 나스를 친 모습(우)

- 나스를 친 토담벽에 약간 거칠게 초벌 미장을 한다(좌).
- 초벌 미장이 끝난 모습. 이틀 정도 지난 후 2차 미장을 한다(우).

• 2차 미장을 하는
모습

• 2차 미장 위에 바로
천을 씌우고 마감 미
장을 한다.

담틀집은 미장이 마른 후 도배를 하지 않고 100% 천연 재료 황토칠로 최종 마감한다. 책 서두에서 언급했지만 요즈음 흙집을 지었다고 하면 대부분 흙벽돌로 지은 집이다. 흙벽돌로 지은 집들은 따로 미장을 하지 않고 줄눈(메지)이 노출된 상태로 마감을 끝내는 경우가 많다. 가장 큰 이유는 미장을 할 만한 실력이 없는 것이고 또 한 가지는 공사비를 절감하기 위해서일 것이다. 실제로 미장 마감 공사는 여간 신경 쓰이는 것이 아니다. 많은 사람들이 흙집을 짓고 싶어 하지만 아직까지 흙집 짓는 기술력이 보편화되지 못했기 때문에 전문가를 찾기란 쉽지 않다. 특히 미장 부분을 보면 무늬만 흙이지 시멘트 미장과 거의 동일한 수준에 머문 경우가 많다. 필자는 많은 실험을 거쳐 현장에서 직접 적용하는 미장법을 만들었다. 시공 후 몇 년이 지난 후라 결과도 검증된 시공법이라고 자신한다.

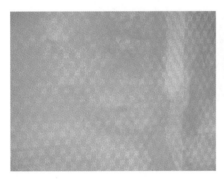 

- 미장이 끝난 모습 (좌)
- 황토칠로 벽체를 마감한 벽체(우)

흙집에서 미장 모르타르로 사용할 재료의 선택이 쉽지 않다. 현장에 있는 흙을 가지고 모르타르를 만들어도 점력이나 강도 맞추기가 까다롭다. 예전에 우리 조상들은 이 문제를 해결하기 위해 모래와 볏짚을 흙에 넣어 같이 반죽해 사용했다.

근래 흙집을 손수 짓는 이들이 여러 가지 방법을 시도하곤 한다. 대표적인 것이 해초를 삶은 물로 반죽하거나 조개껍질을 분말로 만들어서 흙과 혼합하는 것이다. 흙집을 전문으로 시공하는 업체들도 각자의 미장 재료들을 갖고 있는데, 내용물을 잘 공개하지 않는다. 여기엔 두 가지 이유가 있다. 어렵게 터득한 노하우를 공개하고 싶지 않을 수 있고, 또 하나는 아직 완벽하다는 자신감이 없어서일 것이다.

● 미장에 사용할 황토를 만들고 있다.

• 마감 미장 위에 덮
을 망사를 재단하고
있는 모습

• 모래와 흙의 비율이
맞지 않으면 갈라짐이
심하게 생긴다.

● 삭아버린 볏짚

좌측의 사진을 자세히 보면 볏짚을 넣었는데도 갈라짐이 심하다. 원인은 모래 성분이 부족하기 때문이다. 일반 흙에 모래를 많이 혼합해서 미장하면 갈라지지는 않는데, 모래 성분이 많으면 점력이 떨어지는 단점이 있다. 그래서 짚을 썰어 넣은 것이다. 나이 드신 분들이 흙집 짓는 현장에 구경을 오시면 간혹 볏짚을 넣으라고 훈수를 하신다. 그러나 볏짚을 사용하는 것도 생각해 볼 문제다. 지금은 볏짚이 농약에 오염되어 있고 시간이 많이 지난 볏짚의 겉껍질을 벗겨보면 마디는 이미 파랗게 곰팡이가 슬어 있는 경우가 많다. 그냥 사용하면 습기가 많은 여름철에는 곰팡이가 나서 냄새가 날 수 있다. 이 문제점을 알게 된 옛 사람들은 볏짚을 사용하되 금년에 생산된 볏짚이 아니라 지붕을 새로 하기 위해서 지붕에서 걷어 낸 묵은 이엉을 사용했다. 그러나 이 짚도 시간이 지나면 삭고 변한다.

● 시중에서 유통되는 흙벽돌. 점력을 높이기 위해서 볏짚을 썰어 넣었는데 습기 때문에 짚에 곰팡이가 피었다.

그래서 짚을 대체할 수 있는 것을 찾다가 선택한 것이 코코넛이다. 코코넛은 야자수 열매로 안에 있는 과육과 과즙은 그냥 먹기도 하고 가공하여 여러 가지 식품이나 화장품 원료로도 쓰인다. 겉껍질의 섬유질도 자동차 시트, 신발 깔창, 매트리스, 밧줄 등으로 많이 활용된다. 이 섬유질을 흙모르타르를 만들 때 질게 잘라서 넣어봤더니 효과가 만점이다. 해초 삶은 물을 사용하든 조개 분말을 사용하든 코코넛 섬유질과 혼합해서 활용해 볼 것을 권한다. 본인이 흙집을 직접 짓고자 하는 이라면 시중에 나와 있는 황토 업체를 잘 선택해서 황토와 세라믹을 혼합해서 사용하는 방법도 있다. 흙 제품을 생산하는 대부분의 업체가 자기 업체만의 모르타르 분말 재료를 만들어서 판매하고 있다. 시험성적서를 보면 운모석 분말 또는 게르마늄석 분말이라고 표시되어 있다. 정작 필요한 것은 흙집을 지으면서 하자를 줄일 수 있는 재료를 원하는 것이지 운모석이나 게르마늄석에서 방출되는 어떤 성분에 있는 것이 아니다. 생산업체들도 운모석 분말을 섞는 것은 건강상의 이유보다는 흙 모르타르의 강도를 높이기 위해서이다.

제일 중요하게 볼 것은 모르타르 안에 시멘트 성분이 얼마나 들어가 있느냐는 점이다. 일전에 몇 개 업체에 제품 성분의 시험성적서를 보내 줄 것을 요청해 보았다. 업체마다 다소 차이가 있지만 통상 황토세라믹 제품에 시멘트 성분이 6% 정도 들어가 있있다.

썩 내키지는 않지만 이 황토세라믹과 현장 흙을 1 : 2로 섞고 여기에 코코넛 섬유질을 혼합해서 사용하면 차선책은 될 것이다. 이 때 흙과 모래의 비율은 5 : 5 정도의 비율로 한다. 현장 흙에 미장용 모래를 섞어 쓰는 것인데, 이 역시 현장의 흙마다 모래 성분의 함유량이 다르기 때문에 참고 사항이지 모든 현장에 동일하게 적용될 기준은 아니다.

• 엑셀 배관 작업을 하기 전에 바닥 전체를 황토로 깔기 위해 거실 창문으로 황토를 넣고 있다.

앞서 기초공사를 할 때 철근을 넣고 매트 콘크리트를 타설했다. 시멘트가 노출된 바닥 전체를 다시 한 번 황토로 덮어 시멘트 독성을 차단한다.

집을 난방하기 위해선 보일러를 설치하고 엑셀로 난방용 배관을 깐 후 그 위에 미장 모르타르로 마감한다. 미장을 두껍게 하면 열전도율이 떨어지기 때문에 2㎝ 정도 두께로 한다. 시멘트로 시공한 집들도 장판을 뜯어보면 대부분 금이 많이 가 있다. 이런 상황에서 크랙이 없는 완전한 시공을 위해서 그동안 많은 실험을 거쳐서 개발한 방법이 있다. 먼저 엑셀 배관 위에 철망 나스를 깔고 1차 미장을 한 후 그 뒤에 섬유망을 씌우고 2차 미장을 하는 방법이다.

● 거실에 황토를 펼치는 모습

아래 사진에서 보듯이 흙 미장은 마르면서 금이 많이 간다. 그래서 방바닥을 미장할 때 엑셀 배관 위에 먼저 철망을 깔고 미장하고 마무리 미장을 할 때 다시 섬유망을 덮고 미장을 재차 하는 것이다. 번거롭고 품이 많이 들지만 필자는 이 방법을 찾기까지 많은 시행착오와 노력을 거쳤다. 독자들을 위해 공개한다.

• 흙 미장을 잘못하여
실패한 현장

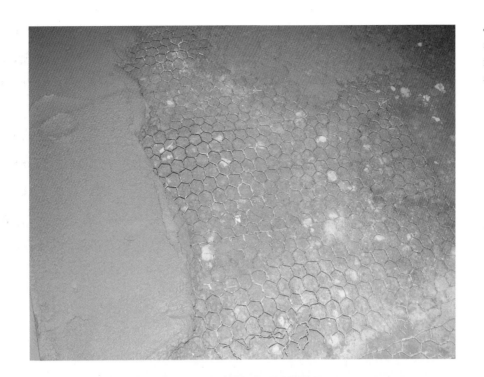

• 바닥 미장을 하기 전에 갈라짐을 방지하기 위해서 황토 위에 철망을 깔았다.

• 섬유망을 씌우고 마감 미장을 하면서 마무리한다.

● 황토 미장으로 마무
리 미장을 한 현장

알매
만들기

게다목 위에 서까래를 걸고 그 위에 루버로 마감하면 서까래와 서까래 사이
에 서까래 굵기 만큼의 공간이 생긴다. 이를 '당골'이라고 하는데, 외부 미장
을 하기 전에 이 공간을 흙으로 메우고 건조시켜야 한다. 이때 이 공간을 알매
로 메운다. 알매는 미장이 아니기 때문에 거칠게 만드는 것이 좋다. 외부에서
가져 온 건초나 짚을 썰어 알매를 만드는 경우가 많다. 하지만 건초나 짚 대신
현장에서 나오는 대패밥으로 대신하면 번거롭지 않아 좋다.

● 황토에 대패밥을 넣
고 물을 붓고 뒤집어
가면서 잘 밟는다.

● 적당한 크기의 알
매를 만든다. 이 알매
로 게다목과 서까래
사이의 공간(당골)을
메운다.

창호
공사

담틀집의 벽 두께는 50㎝에 이른다. 일반 시중에서 판매되는 창틀의 두께는 11.5㎝이나. 일반 건축물에서는 창틀 두 개를 겹쳐서 하나로 만들어 바깥쪽과 안쪽으로 사용하지만 담틀집에서는 따로따로 시공한다. 바깥쪽도 페어 유리로 시공하고 안쪽도 페어유리로 시공한다. 바깥 창과 안쪽 창의 사이 공간이 30㎝에 달해 창문마다 수납공간이 생길 뿐더러 방음과 단열에 상당한 효과가 있다. 창틀은 이어지는 작업인 미장 두께만큼 밖으로 돌출시켜서 고정시킨 후, 미장으로 마무리하면 된다.

● 안쪽 창틀을 시공하는 모습

건축을 하면서 겪게 되는 여러 일 중에 창호와 관련한 에피소드가 있어 소개한다. 도시에서 살다 전원으로 오는 사람들이 가장 신경쓰는 것이 방범이다. 그러다 보니 어떤 건축주들은 시공하면서 방범 대책을 세워 줄 것을 요구하기도 한다. 워낙 창문들이 크다보니 마땅한 대책이 별로 고민을 많이 했다. 철로 방범 창살을 단단하게 만들어서 부착하면 집안에 사는 사람들이 갇혀 있는 모양새가 되니 그도 여의치 않았다.

결국 생각해 낸 것이 방범필름이다. 유리를 다 시공한 후, 방범필름 시공업체에 연락했더니 썬팅하듯이 안쪽이든 바깥쪽이든 원하는 쪽에 부착하는 방법밖에 없는 것이다. 그래서 고안해 낸것이 유리 시공 전에 미리 방범필름을 삽입하는 방법이다. 바깥 창 페어유리를 접합하기 전에 유리와 유리사이에 방범필름을 삽입해 접합한 후에 그 유리를 가지고 다시 페어유리로 사용하는 방법이다. 이렇게 하면 유리가 세 겹이 되고 안과 밖에 22㎜ 페어유리가 설치되어 방범과 단열, 방음 능력이 상상을 초월한다. 한 집에서는 이웃집에서 불이 나 소방차가 출동하는 등 난리가 났는데 모르고 있다가 오해를 사기도 했단다.

• 바깥 창틀과 안쪽 창틀 사이를 띄어서 시공한다.

• 창틀 사이를 루버로 처리한다.

• 창틀 사이를 이용한 수납공간

• 미닫이와 여닫이로 시공한 문. 최근에 지은 뼈대 집인데 문을 미닫이와 여닫이로 이중으로 시공했다.

현관문
만들기

흙집을 지을 때 시중에서 판매되고 있는 기성문을 현관문으로 달면 어딘지 모르게 어색하다. 그래서 현관문을 전통 방식의 나무 대문으로 만든다. 흙집에 어울리는 나무 대문을 만들려면 가장 중요한 것이 나무의 건조 상태다. 공사를 시작하기 전, 미리 현관문 사이즈를 생각해 목재소를 찾아간다. 거기서 가장 오래된 나무를 골라 주문하고, 제재된 나무를 가져다 바람이 잘 통하는 그늘에 보관해야 한다. 그동안 여러 곳의 대문을 관찰해 보았다. 사용한 나무가 세월이 지나면서 마르고 수축해 송판 사이가 벌어진 문들을 많이 보았다. 이러한 단점들을 보완한 필자 나름의 방법을 소개하자면 이렇다.

시공한 문은 내경 높이 215㎝, 너비 180㎝의 현관문이다. 어떠한 문이든지 먼저 문틀 시공이 잘못되면, 문을 아무리 잘 짜서 맞추어도 문제가 생긴다. 문틀을 나무로 하면 변형이 올 수 있으며 나무 문짝의 무게를 잡아줄 수 있을지 의문이다. 옛날집이야 대문 같은 넓은 공간이 있었기에 육중한 나무로 문틀을 제작할 수 있었지만, 지금은 현관에 그렇게 넓은 공간을 만들 수 없기에 다른 방법이 필요하다. 250㎝ 'ㄷ'자 철판(찬넬)을 사용해서 문틀을 제작하고 송판은 두께 4㎝, 너비 15㎝, 길이 215㎝ 규격으로 12장을 사용한다. 송판 끝부분 4㎝ 지점을 두께 2㎝로 따 내어서 'ㄴ'자 모양을 만들고 다음 장은 같은 사이즈로 따내어서 반대로 'ㄱ'자 모양으로 겹쳐서 시공하면 나무가 말라도 벌어지는 부분이 보이지 않는다.

다음 하단의 사진과 같이 송판을 겹쳐서 문을 만들면 나중에 나무가 줄어도 벌어진 틈이 보이지 않는다. 송판을 따내는 작업은 현장에서 하면 어렵기 때문에 처음부터 목재소에 주문할 때 요청해도 된다.

• 문틀에 턱을 만들어
놓은 모습. 나중에 나
무가 말라서 틈이 벌
어져도 가려진다.

• 송판을 'ㄴ'자와
'ㄱ'자로 겹친다.

• 나무의 홈과 홈 사이도 수축이 생기기 때문에 종이를 끼워 공간을 만들어 주어야 나무가 줄거나 늘어도 문에 변형이 생기지 않는다.

• 송판을 따내서 겹치지 않게 만들면 건조되면서 사진처럼 틈이 생긴다.

● 뒤쪽에 나무를 대고
못을 박는다. 못은 녹
이 슬지 않는 아연 도
금 못을 사용한다.

● 전체적인 뒤틀림을
방지하기 위해서 특수
제작한 보강철로 문의
위쪽과 아래쪽을 잡아
준다.

234

• 빗장을 만든다.

• 완성된 현관문

민속 장판
깔기

담틀집에 구들방을 설치하고 미장을 끝낸 후, 충분히 건조시킨 다음에 민속 장판을 간다. 민속장판이 좋은 이유가 몇 가지 있다. 우선 끈적거리는 느낌이 없이 항상 보송보송하다는 것이다. 시공은 그렇게 어렵지 않지만 하자가 많이 발생하기 때문에 업자들은 이를 꺼려한다. 가장 많이 발생하는 하자가 곰팡이가 나서 썩는 현상이다. 원인은 방바닥이 충분히 마르지 않은 상태에서 시공하기 때문이다. 또한 장판을 깔고 난 후에도 오랫동안 사용하면서 건조시킨 후 니스를 칠해야 되는데, 성급하게 니스를 바르면 바로 곰팡이가 나고 썩는 부분이 생긴다. 이 두 가지만 조심하면 곰팡이가 나는 일은 없다. 니스를 바르지 않고 콩기름만 바르면 곰팡이가 나지 않는다는 점도 참고할 만하다.

자재는 지물포에서 파는 전주 각 장판을 구해야 한다. 종류는 4배지, 6배지, 8배지가 있는데 8배지를 사용하는 것이 좋다. 시공 방법은 시공 전날까지 불을 때서 방바닥을 잘 말려놔야 한다. 다만 시공하는 날은 방바닥이 너무 뜨거우면 안 된다. 먼저 사포와 헤라로 거친 면을 갈아내고 다듬은 후에 붓으로 방바닥을 깨끗이 쓸어내야 한다. 모래나 이물질이 남아 있는 상태에서 장판을 깔면 나중에 빼낼 수가 없기 때문에 최대한 깨끗이 쓸어야 한다. 창호지는 한 겹을 바르고 그 위에 또 한 겹을 바른다. 이유는 민속장판은 가장자리 25㎝만 방바닥에 부착되고 가운데 부분은 북 같이 떠 있는 구조로 시공해야 판판하고 보기에 좋기 때문이다. 건조된 후에 가운데를 두드리면 북 같은 느낌이 들어야 잘 시공된 장판이다.

- 창호지를 먼저 바른다.

이 창호지 위에 부직포를 방 길이만큼 잘라서 붙이는데 풀칠은 전체를 하는 것이 아니라 가장자리만 한다. 이미 붙여 놓은 창호지 끝 부분에 이어서 붙인다. 부직포 위에다 운영지를 두 겹 부치는데, 모양이 울퉁불퉁 구겨지고 엉망일 수 있다. 마르면 팽팽해지니 신경 쓸 일이 없다.

- 운영지를 붙인 모양새(좌)
- 마르면서 팽팽해진다(우).

부직포 위에 운영지를 2회 더 붙이면 첫 번째 단계가 끝난다. 붙여 놓은 종이들이 마를 수 있도록 최소 3시간 정도 지난 후 다음 작업을 한다. 일정에 여유가 있다면 다음 날 하는 것도 좋다. 장판지를 붙이려고 지물포에서 사온 8배지를 펼쳐보면 너무 건조되어 빳빳해서 작업하기가 나쁘다. 이럴 때는 붓으로 물을 약간 발라주고 수분이 증발하지 않도록 덮고 한 시간 정도 기다리면 촉촉해진다.

• 장판지에 물을 골고루 발라준다.

238

• 수분이 증발하지
않도록 덮어주고 기다
린다.

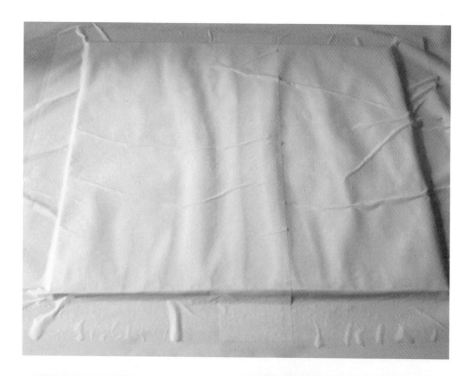

• 장판지를 동일한 규
격으로 각을 맞추어서
자른다.

촉촉해진 장판지를 보면 크기가 정확하지가 않고 약간씩 차이가 있는데 칼로 잘라서 규격을 동일하게 맞춘다.

장판지를 붙이는 풀은 농도를 진하게 맞추고 풀칠은 가장자리로 확실하게 해서 붙인다. 붙이는 과정에 대각선으로 접어가면서 가장 자리에 풀을 다시 한번 바르면 된다. 장판을 붙이다 보면 모서리 부분은 몇 장이 겹쳐지기 때문에 그 부분만 두껍게 되는데 겹쳐지는 부분은 삼각으로 오려낸다.

• 겹쳐지는 부분을 삼각으로 오려낸다.

장판을 붙이고 나면 중간에 공기가 차는 경우가 있다. 이때는 플라스틱 헤라로 밀어내면 된다. 이때 약간의 구겨짐은 장판이 마르면 없어지기 때문에 너무 신경 쓸 일이 아니다. 벽면의 굽도리는 장판지를 꺾어서 붙이는 것이 아니라 나중에 별도로 붙여야 한다.

굽도리를 붙이면 장판작업이 끝난다. 며칠 말린 후에는 콩담을 해야 한다. 콩담은 콩을 깨끗이 씻어서 불린 후에 건저시 믹서토 살고 들기름을 섞어서 만든다. 이때 사용하는 들기름은 들깨를 볶지 않고 기름을 짠 것이 좋다. 이렇게 만든 콩담을 보자기에 싸서 방바닥에 문질러 바르는데 보자기는 두 겹 정도는 되어야 콩 찌꺼기가 나오지 않는다. 한 번에 진하게 바르려고 두드리지 말고 얇게 여러 번 바를수록 좋다. 함실 구들방의 아랫목은 어떤 재료를 깔아도 탈 수밖에 없는 구조다. 그래서 불이 직접 닿는 아랫목은 돌을 까는데 화강암은 음이온이 나오지 않는다고 해서 마천석(검은돌)을 깐다.

• 굽도리를 만든다.

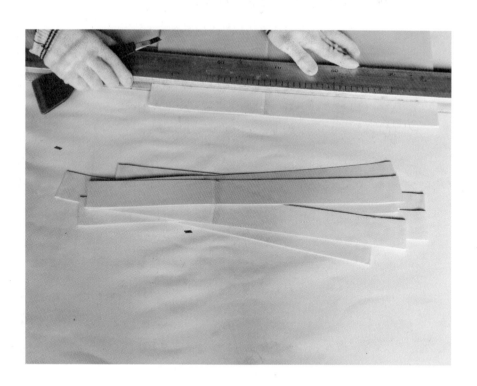

• 불을 때면 탈 수밖에 없는 아랫목은 가로 60㎝ 세로 60㎝짜리 마천석 6개를 주문하여 깐다.

• 마천석으로 마감한 아랫목

거실
마루 깔기

건축일을 하다보면 다양한 사람들을 만난다. 그 중 한 건축주는 시골에서 태어나 도시에 나가 사업을 하고 경제적으로 큰 성공을 한 이가 있었다. 그런 와중에 건강을 많이 해쳐서 사업체는 부인과 아들에게 맡기고 고향으로 다시 내려오게 되었다. 그는 사람이 살지 않던 옛날 흙집을 대강 수리하고 몇 년 지내며 어느 정도 건강을 회복하자, 고향땅에 흙집을 짓고 살아야겠다고 마음먹게 된다. 그러다 필자를 만나 집을 짓게 되었다. 그는 집에 화학물질이 전혀 들어가지 않은 100% 천연재료만 쓸 것을 간곡히 요청했다. 다른 곳은 문제가 없는데 거실은 어떻게 할지 고민이 되었다. 시중에서 유통되는 바닥재 중에서 100% 천연재료는 없기 때문이다. 우리가 알고 있는 것처럼 온돌마루는 접착제를 들이붓고 시공하는 것이고 강화마루도 천연목이 아니라 합성재이다. 앞서 미장에서 지적한 것처럼 바닥 미장을 100% 천연재료로만 했을 때는 강도를 유지하는 것이 문제다. 개발해 놓은 100% 천연 바닥재가 있었지만 실용화 단계는 아니고 가격이 워낙 고가다 보니 그것도 적용에 무리가 있었다. 고민 끝에 거실을 편백 루버로 마감하기로 했다. 대신 나무는 변형이 올 수밖에 없어 두 겹으로 시공하는 방법을 택했다. 먼저 낙엽송 루버를 가로로 시공하고, 그 위에 편백 루버를 깔았다. 여기에 들어가는 접착제는 100% 천연으로 현장에서 만들어 사용했다. 몇 년이 지난 지금도 하자가 발생하지 않아 여기에 소개하기로 한다.

먼저 바닥에 2×4를 뉘어서 깔고 콘크리트 못으로 고정시켰다. 다시 그 위에 2×4를 이번에는 세워서 고정시킨 다음, 난방용 엑셀이 지나갈 자리를 엑셀 굵기만큼 따냈다. 과정은 사진을 참고한다.

• 난반용 엑셀이 지나
갈 자리를 따내고 콩
자갈을 깔았다.

• 먼저 세로로 낙엽송
루버를 깔고 그 위에
다시 편백 루버를 깔
았다.

244

정화조
공사

건물의 준공을 받으려면 정화조 설치신고필증이 반드시 필요하다. 등록된 업체의 제품을 구입하여 정화조를 설치하면 업체에서 설치신고 대행비를 받고 대행해 준다. 정화조 준공을 받으려면 몇 가지 필수적인 사항이 있어서 준공에 필요한 것만 소개한다.

　　오래 전에 어느 지역에서 아이가 실종되었는데 오랫동안 찾지 못하다가 나중에 정화조에 빠져 있는 것을 발견한 안타까운 일이 있었다. 이후로 정화조 안에 녹이 슬지 않는 스테인리스로 우물 정(井)자 모양으로 용접을 해서 뚜껑 안에 넣어놓고 정화조 위 부분은 10㎝ 두께 이상 콘크리트로 타설을 해야 된다. 이때 스테인리스를 구하기가 용이하지 않고 가격이 비쌀 때에는 13㎜ 철근에 엑셀을 끼워서 사용해도 인정을 해 준다.

• 콘크리트 정화조

• 스테인리스를 우물
정자로 용접하여 뚜껑
안에 넣었다.

• 철근에 엑셀관을 끼
워서 사용해도 인정이
된다.

• 정화조 위 부분은
반드시 콘크리트 타설
을 해야 준공을 받을
수 있다.

- 환기구는 높이 2m 이상 파이프를 세우고 자연 환풍기를 설치해야 된다(좌).
- 에어펌프를 설치하고 가동한다(우).

정화조를 설치할 때에 중요한 것이 어느 장소에 언제 설치하는가 하는 문제다. 요즘 정화조는 제품이 좋아져 냄새가 심하게 나진 않아도 '가까이 하기엔 너무 먼 당신'이다. 또한 에어펌프(정화조에 공기를 넣는 장치)를 24시간 가동시켜야 하므로 소음이 있을 수 있다. 한쪽 자투리 공간에 설치하는 것이 좋은데 일 년에 한 번 잔류물을 수거해야 되므로 수거차가 들어와서 호스를 연결할 수 있는 장소라야 할 것이다.

묻는 시기는 현장에 따라서 다르겠으나, 대개 기초 되메우기를 하는 날 장비가 현장에 있을 때 하면 사용료를 줄일 수 있다. 하지만 조심할 것이 정화조 근방에서 큰 장비를 사용하면 그 무게가 주위를 압박해서 정화조가 깨지거나 배관을 손상시키는 일이 발생할 수 있다. 집을 짓고 난 후에도 토목공사가 필요한 현장은 아예 장비를 마지막 쓸 시기에 정화조를 묻는 것이 유리하다. 이 때 마당에 우수를 모아서 내보낼 우수 맨홀도 규격대로 묻어야만 개발행위 준공을 받는다.

요즘에는 오폐수 합병 정화조를 설치해야 한다. 합병 정화조는 화장실에서 나가는 오수와 주방에서 나가는 생활폐수를 합류시켜서 동시에 정화조로 들어가게 하는 장치다. 혹 냄새가 폐수관을 따라 역류할 수 있기 때문에 맨홀을 하나 더 묻는 것을 권한다. 인터넷에 화장실에서 냄새가 너무 심하게 난다며 고통을 호소하는 이들이 있는데, 여기에 누군가 배관을 깊게 묻으면 된다고 답을 달아둬 실소를 금치 못한 적이 있다. 냄새가 역류하는 현상은 배관의 깊이와 전혀 무관하다. 정화조에 배출관을 설치하고 에어펌프를 24시간 가동해도 냄새가 역류할 수도 있기 때문에 맨홀 설치를 꼭 해야 한다. 가격도 비싸지 않다.

• 생활 폐수관은 맨홀을 한번 거친 후 정화조로 이어진다.

이 방법은 집 안에서 나간 화장실의 오수관과 생활 폐수관이 합류하기 전에 생활 폐수관 쪽에 맨홀을 묻어서 생활 폐수관이 맨홀을 거쳐 나온 후에 화장실 오수관과 합류시키는 시스템이다. 맨홀 규격은 작아도 상관이 없다.

앞의 사진에서 보면 구부러진 백색관이 화장실 오수관이고 마대를 씌워 놓은 맨홀을 거쳐서 나온 관이 생활 폐수관이다. 화장실 오수관은 곧바로 정화조로 들어가고 생활 폐수관은 맨홀을 거친 후에 화장실 오수관과 합쳐진다. 여기에 맨홀을 설치하고 맨홀을 통과한 폐수관을 오른쪽 화장실 오수관과 연결시켜 정화조로 통하면, 정화조에서 역류해서 올라오는 냄새를 막을 수 있다.

냄새를 차단하는 방법은 좌측의 사진과 같이 생활 폐수관에 엘보를 써서 관 끝이 항상 물에 잠겨 있는 구조로 시공하면 냄새를 차단할 수 있다.

최근에 생산되는 맨홀은 애초에 위와 같은 구조로 생산되고 있다. 정화조를 준공 받을 때는 맨홀 뚜껑이 완전히 밀폐되어 빗물이 못 들어가는 구조로 해야만 준공이 가능하다. 준공이 끝난 후에는 뚜껑을 그레이팅으로 덮어 놓으면 맨홀의 냄새도 감소시킬 수 있다.

• 그레이팅으로 맨홀의 뚜껑을 바꾼다.

정화조를 묻을 때는 정화조 깊이만큼 땅을 판 후에 정화조를 넣기 전 반드시 철근을 넣고 콘크리트를 해놓고 사진을 찍어놔야 준공 서류에 첨부할 수 있을 뿐만 아니라 정화조가 가라앉는 것두 방지한다.

정화조로 들어오는 배관의 경사도를 보고 경사가 잘 되었으면 배관을 연결하고 관을 묻는다. 정화조에 흙을 덮기 전에는 반드시 안에 물을 채워주어야 한다. 물을 채우지 않고 먼저 흙으로 묻으면 토압에 의해서 정화조가 찌그러지면서 깨지는 경우가 있기 때문이다. 물을 채운 후 에어펌프를 연결할 엑셀 20㎜관을 설치하고 에어펌프까지 빼놓은 후, 흙으로 덮는다. 오폐수 인입관과 배출관 모두 경사를 많이 주는 것이 좋다. 요즘에는 아예 콘크리트 정화조도 있는데, 가격이 조금 비싸다.

맥
칠하기

담틀집은 도배를 하지 않기 때문에 미장에 상당한 신경을 써야 된다. 시멘트 미장과 같이 색이 시멘트 색이라면 미장이 마른 후에도 별로 차이가 나지 않지만 색이 붉은 황토에 코코넛 섬유질을 혼합해서 미장하면 마른 후에 또 한 번 손을 봐야 한다. 붓으로 물을 묻혀서 밀어낸 곳과 미장 밥이 많아 밀어내기 위해서 힘을 많이 준 곳의 색깔이 약간 다르기도 하고, 코코넛 섬유질이 약간 까칠까칠하게 노출된 곳도 있기 때문이다.

도배를 하면 전혀 문제가 없지만 도배를 하지 않기 때문에 자꾸 눈에 거슬린다. 이런 때 맥칠을 하는데 재료는 물론 황토다. 색깔이 좋은 황토를 선별

해서 대야에 담고 물을 붓고 잘 주물러서 덩어리를 풀어 준 후에 고운 체로 황토 물을 내려서 침전시키면 황토 앙금이 나온다. 이 앙금을 건조시켜서 분말로 만들어 놓았다가 필요할 때에 찰수수 풀이나 찹쌀 풀을 엷게 쑤어서 황토와 잘 혼합한다. 이렇게 만든 맥을 붓으로 바르면 벽 색깔이 정말 아름답게 나오며 벽에 마음 놓고 기대고 비벼도 흙이 묻어나지 않는다.

• 물에 풀어진 황토 물을 고운 체로 거르면서 불순물과 덩어리를 제거한다.

• 건조된 황토는 분말로 만들어 놓는데, 이 정도면 식품에 첨가해도 문제가 없을 정도가 된다(좌).

• 도배를 하지 않고 맥 칠로 마감한 벽체(우)

전기 공사

예전에는 전기선이나 전화선이 전신주에서 집까지 지상으로 연결해서 골목골목 전기선이 늘어져 있었느데 요즘은 대부분 전신주에서 집까지 지중으로 연결한다. 전신주에서 맨홀로 관을 지하로 매설하면 집 주위로 복잡한 전선이 없이 깔끔하게 처리할 수 있다. 공사 방법은 먼저 집의 외벽 아래쪽에 맨홀을 묻는데 필히 전기와 전화를 각기 1개씩, 2개를 묻어놓는다. 아무리 소규모 주택이라도 전기와 통신은 같은 맨홀을 쓰면 안 된다.

전신주에서 맨홀까지 30㎜ 이상의 관을 맨홀까지 묻는다. 또 다시 맨홀에서 계량기를 설치할 장소까지 관을 넣었다가 계량기에서 집안에 분전함을 설치할 장소까지 관을 묻어 놓는데, 통신도 동일한 방법으로 작업한다.

• 전신주에서 집안의 전기 맨홀까지 지중선을 묻는다.

계량기를 설치하는 장소는 울타리와 상관없이 한전 검침원이 집안으로 들어 오지 않고 외부에서 확인할 수 있는 장소로 선정하는 것이 좋다.

맨홀의 설치는 우수가 넘쳐 들어가지 않을 높이로 설치하고 만약을 대비해서 바닥을 뚫어 놓아 우수가 들어와도 물이 맨홀에 차지 않도록 조치해야 한다.

- 전기 맨홀(좌)
- 통신 맨홀(우)

이때 통신 맨홀 안에 TV 안테나선을 넣을 수 있도록 별도의 관을 하나 더 묻어 두었다가 나중에 안테나선을 연결하면 된다. 대부분 전기 분전함이나 통신 단자함을 현관벽에 설치했다가 신발장을 그 앞에 두어 신발장 문을 열어 손볼수 있게 하면 깔끔하다.

• 매트 콘크리트를 타
설할 때 미리 전기선
과 통신선, TV선을
현관 위치까지 관을
넣어 빼 둔다.

이때 통신 분전함 안에 TV 분배기를 만들어서 이 분배기를 이용해 집안에 필
요한 곳으로 보내면 된다. 혹 유선으로 TV를 시청하는 지역에서는 꼭 증폭기
를 달아서 이용해야 하며 지역에 따라서는 통신필증을 받을 때 반드시 설치를
의무화하는 곳도 있다.

• 분전함 설치를 위해
파놓은 토담(좌)
• 현관에 설치한 분전
함(우)

현장 여건상 지중관을 넣을 수 없으면 전신주에서 추녀 쪽으로 선을 연결하는데 가능한 최대로 높게 연결해야 불편함이 없다.

시멘트 콘크리트 집에서 전선관은 슬라브 속이나 벽 속, 매트 콘크리트에 묻고 레미콘을 타설하는데, 이렇게 하면 집이 해체될 때까지는 교체할 수 없기 때문에 관 속으로 전선을 끼우거나 빼면서 수리할 수밖에 없다. 그러나 담틀 집에서는 전선관 전체를 지붕 천장 속에서 결속하기 때문에 필요할 때 사다리를 타고 올라가면 수리와 교체가 가능하다.

담틀집의 천장 속은 집의 바닥 평수만큼의 공간이 있어서 이곳을 이용해서 아이들이 좋아하는 다락방을 만들어도 충분하다.

토담을 칠 때 전선관을 미리 넣을 수도 있으나 토담을 치면서 관이 찌그러질 수 있어서 관 주위에서 마음 놓고 다짐을 못하게 될 수 있다. 이럴 경우 담틀을 해체한 후에 보면 그 부분이 티가 날 수 있다. 미장을 할 집이면 나중에 관을 넣는 것이 좋다.

　　벽 미장 전에 필요한 위치에 벽을 파고 콘센트 TV 전화박스를 설치한다. 전선관을 넣기 위해서 벽에 파놓은 부분은 미리 때워서 건조시키고 미장한다. 나머지는 일반 주택공사와 동일하게 진행하면 된다.

● 토담에 콘센트 박스
를 설치한 모습

설비
공사

우물파기에서 언급한 이야기지만 우물 모터에서 집안으로 지하수를 끌어들일 때, 대부분 보일러실로 끌어들인 후에 보일러실에서 집안으로 들어가게 한다. 우물에서 보일러실까지는 외부 땅 속에 묻게 된다. 이때 반드시 깊게 묻어서 겨울철 동파를 예방하고 기초할 때에도 이 점을 염두에 두고 기초 속으로 급수관을 통과시켜 건물 안으로 관이 들어갈 수 있도록 한다. 이때 관을 예비로 하나 더 묻어 두면 언젠가 요긴하게 쓸 때가 있을 것이다. 대부분 가정에서는 13㎜ 수도꼭지를 사용하는데, 메인관은 20㎜로 사용하면서 필요한 위치에서 13㎜로 분배를 해야 수압이 떨어지는 일 없이 편하게 사용할 수 있다.

흙집에서 방 하나는 구들방을 놓고 장작을 때지만 구들방을 제외한 방과 거실, 주방은 난방을 해야 한다. 예전에는 심야전력 난방을 많이 사용했지만 이제는 심야전력이 없어지고 지열 보일러로 대체되고 있는 추세이다. 가격이 만만치 않지만 앞으로는 어쩔 수 없는 선택이 될 것 같다. 혹 지열 보일러를 설치하게 되면 외부에서 보일러실까지 오는 관은 반드시 보온을 해서 열손실을 줄여야 한다.

흙집을 본인이 직접 짓고, 설비공사까지 본인이 직접 하려는 이라면 시공하면서 지켜야 될 몇 가지 원칙이 있다. 그 첫 번째가 난방 배관을 하기 전에 바닥에 까는 스티로폼이다. 스티로폼은 등급과 품질에 따라서 가격 차이가 나는데, 이왕이면 밀도가 높은 1등급을 사용할 것을 권한다. 혹여 품질이 낮은 저가 제품을 사용하면 문제가 생길 수도 있기 때문이다.

간혹 난방용 배관을 좋은 것으로 사용하고 싶어서 동으로 시공하는 이들도 있다. 그런데 그동안 여러 현장에서 동으로 시공했을 때 많은 문제점들이 제기되고 있어 요즘에는 대부분 엑셀로 시공한다. 엑셀로 시공할 때 주의할 점은 전체적으로 이음새 없이 시공해야 된다는 것이다. 보일러실에서 나간 엑셀이 방이나 주방을 통과해서 보일러실로 다시 돌아올 때까지 중간에서 이으면 안 된다는 말이다.

• 외부에 노출된 배관은 반드시 보온을 해서 열손실의 발생을 줄여야 한다.

• 분배기

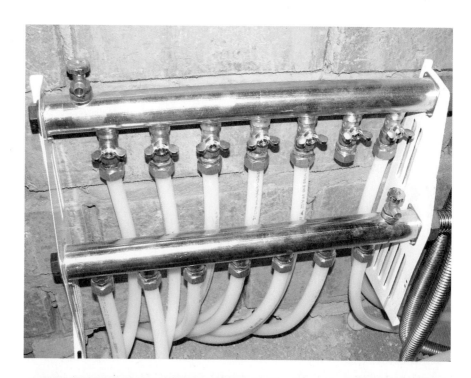

• 난방호스는 중간에
서 이으면 안 된다.

예전에는 중간에서 소켓을 이용해 엑셀을 이어 시공하는 경우도 있었다. 하지만 시간이 오래 지난 후 이은 부분에서 하자가 발생되기 쉽다. 그만큼 자재를 아끼려고 중간에서 엑셀을 이으면 안 된다. 또 한 가지는 급수용 배관은 반드시 급수용으로만 사용해야 된다는 점이다. 요즘에는 급수용 배관이 좋은 제품이 많이 나와 있으니, 급수용 배관만큼은 가장 좋은 등급을 사용하시길 권한다.

난방용 배관과 급수용 배관공사가 끝나고 미장하기 전에 가장 중요한 공정이 있다. 설치해 놓은 난방용 배관과 급수용 배관에 누수현상이 없는지 확인하는 공정이다. 그 확인 방법은 이렇다. 모든 배관을 한 라인으로 연결하고 급수관도 처음 물을 넣을 곳과 마지막으로 물이 나올 곳을 제외한 모든 곳을 막는다. 처음 구멍을 통해 물을 통과시켜서 마지막 구멍으로 물이 나오면, 배관 속에 에어가 다 빠진 것을 확인한 후에 마지막 구멍을 막고 계속적으로 수압을 하루 정도 걸어 꼼꼼하게 점검한다. 이후에도 다시 한 번 콤프레샤를 이용해서 수압을 높여 누수되는 곳이 없는지 확인해야 된다.

누수 부위가 없다면 곧바로 미장 작업을 한다. 배관을 깔아놓고 시일이 오래되면 현장을 다니면서 배관을 밟게 되고 혹 배관 위에서 다른 작업을 하다가 배관을 손상시킬 수도 있다. 흙집이라고 해도 설비공사는 일반 건축물과 동일하게 시공되므로 이 정도만 다루기로 한다. 다만 흙집의 특성상 방수공사와 누수에는 최대한 신경을 많이 써야 된다.

정자 짓기

전원에 나와서 집을 짓고 조경을 하다보면 어릴 적 시골에서 놀던 원두막이 생각난다. 여름철 해가 뉘엿뉘엿 넘어갈 쯤, 친지나 지인들이 들이닥치기라도 하면 더운 날씨에 집안에 들어가 삼겹살을 구워 대접하기도 뭐하다. 대부분의 전원주택들은 마당에 커다란 그늘막 텐트나 파라솔 테이블들을 두고 쓰는데, 시간이 지나면 관리도 못하고 애물단지로 방치되곤 한다. 그래서 많은 사람들이 마당에 정자가 하나 있었으면 하는 소망을 가진다. 시중에 다양한 형태의 정자들이 기성품으로 나와 있으나, 멋과 가격에 치우치다 보니 제 기능이 떨어지는 것이 문제다. 대표적인 문제가 모양은 잘 만들었는데 처마가 너무 짧아서 햇빛이 들어오고 비가 들이치는 것이다.

일전에 화성에서 담틀집을 짓는데 본채가 마무리되는 시점에 건축주가 정자를 하나 구입한다면서 카탈로그를 보여줬다. 외부 모양은 괜찮은데 사용된 목재의 치수나 자재의 질이 맘에 차지 않았다. 건축주에게 정자를 원하는지 원두막을 원하는지 분명한 선택을 조언한 적이 있다. 정자를 원하면 다른 제품을 선택하는 게 낫다고 권하니, 나에게 시공을 부탁해왔다. 돈은 최소한으로 들이고 물건은 좋은 것으로 가지고 싶은 것이 일반적인 심리다. 제대로 된 정자를 짓는다고 하면 정자의 품격과 가격은 일반인들이 상상을 못할 정도다. 가격이 비싼 정자는 웬만한 집 한 채 값이 나간다. 여기서 소개하는 정자는 원두막을 약간 넘어서는 수준임을 밝혀 둔다.

정자의 모양은 사각 정자, 육각 정자, 팔각 정자가 있는데 육각 정자를 지었다. 먼저 받침돌을 여섯 개 준비하고 정자 넓이만큼 철근 콘크리트를 타설해 놓는다. 시공 순서는 사진과 함께 소개한다.

● 받침돌 중앙에 앵커
볼트를 박아 나무기둥
을 세운다.

● 다듬어 놓은 기둥
을 받침돌 위에 고정
시킨다.

- 귀서까래 여섯 개를 먼저 건다.

- 지붕 서까래를 조립한다.

• 바닥판을 만든다.

• 완성된 정자

정자를 완성했더니 건축주가 집과 너무나 잘 어울린다고 흐뭇해 했다. 원두막이든 정자든 추녀를 길게 내어서 햇빛과 들이치는 비를 피할 수 있도록 지어야만 사용하기에 불편함이 없을 것이다.

264

기타 공사

담틀집을 지으면서 국산 소나무를 사용하고 지붕을 기와로 마감하면 한옥과 같은 분위기가 난다. 여기에 한옥의 대문은 화룡정점이다. 대문 만드는 요령은 앞서 밝혔기 때문에 여기서는 완성된 여러 모양을 소개한다.

• 완성된 대문과 현대식 차고

전원에서 살다보면 쓰레기를 처리할 일이 걱정인데 태울 수 있는 쓰레기를 위
해 마당 한쪽에 소각로를 만들어 놓았다.

　　외부에 가마솥 걸이는 불을 때서 무쇠 솥밥도 지을 수 있고 시래기도 삶
을 수 있어 전원에서는 쓸모가 많다.

완성된 담틀집의
내부 모습

• 상량보를 걸은 안방

• 상량보를 걸은 안방

268

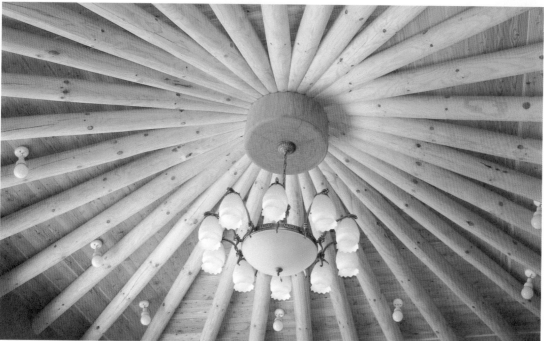

• 찰주를 걸은 거실 사진

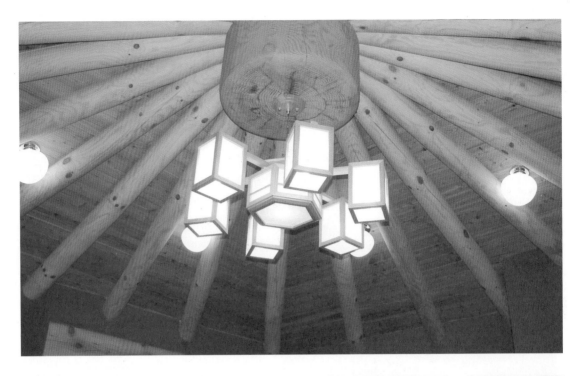

• 찰주를 걸은 거실 사진

• 담틀집 내부

7장
—
아파트를 황토집으로

7

흙집에 살면서
얻는 건강

황토를 건축자재로 사용하면 사람이 살아가는 환경이 쾌적해지고 건강해진다
는 여러 연구 사례가 발표되면서 많은 사람들이 흙집을 짓고 싶어한다. 그러
나 여러 가지 여건상 여의치 않아서 아예 생각을 접고 먼 훗날의 꿈으로만 간
직하는 이들이 많다. 특히 자녀 교육이나 직장 등 생활의 문제로 도시의 아파
트를 떠나지 못하는 이들이 대다수다.

예전에는 호흡기 질환이나 알레르기 피부질환, 비염 같은 질병은 그저
천성적으로 타고난 병으로 생각했다. 의학이 발달하면서 이러한 질병 대부분
이 환경에서 비롯된다는 것이 알려지면서 많은 사람들이 주거 환경을 바꾸어
보려고 하지만 도시를 떠날 수 없어서 고민하는 모습을 많이 보았다. 이러한
이들에게 아파트를 흙집처럼 바꾸어 볼 것을 권한다.

책 서두에 언급한 것처럼 필자는 황토 전문가가 아니고 흙집을 짓는 사람이
다. 그래서 지난번 책에서도 황토의 효능에 대해서는 언급한 바가 없고 집을
지으면서도 황토의 효능에 대해서 그다지 이야기하지 않는다. 그동안 연을 맺
은 담틀집 건축주들은 이전부터 알았던 사람들이 아니고, 본인들이 흙집에 관
심을 갖고 수소문해서 필자를 찾아와 만나게 된 이들이다.

이제 내가 황토 이야기를 꺼낼 수 있는 것은 그동안 담틀집을 지은 지도

274

시간이 꽤 흘러 검증된 효능에 대해 어느 정도 말할 수 있는 때가 왔다고 생각하기 때문이다. 그래서 필자의 경험뿐만 아니라 실제 흙집에서 사는 이들이 체험한 사례들을 소개하려고 한다.

강화에서 담틀집을 짓던 때였다. 안주인이 현장에서 일꾼들에게 식사를 챙겨주었는데, 늘 코 밑이 헐어 있었다. 당시에는 도시에서 편히 지내다 집을 짓느라 신경써서 그런 줄 알았다. 담틀집이 완공된 후 입주한지 두 달쯤 되어서 방문했더니 안주인은 오랜 세월 자신을 괴롭혀왔던 비염이 치료되었다며 참으로 좋아했다. 앞서 포천에서도 집을 짓고 안주인이 비염이 나았다고 했을 때는 대수롭지 않게 들었는데, 또 한 번 말을 듣고 보니 그때서야 '흙집이 비염을 치료할 수 있겠구나' 하는 생각이 들었다.

옛 문헌에 보면 황토집에서는 불면증이 없어지고 숙면을 한다는 내용이 있다. 불면증이 있었던 한 건축주는 흙집을 짓고 나서 숙면을 취하기 시작했고, 특히 출가한 딸이 불면증으로 고생했는데 친정에 오기만 하면 잠을 잘 잔다고 전하기도 했다.

한번은 현장에서 점심식사를 마친 후 거실에서 휴식을 취하고 있었다. 담틀집 거실은 한여름에도 에어컨을 가동한 것처럼 시원해서 휴식 시간이면 현장 근로자들이 자연스럽게 거실로 모인다. 그때 한 일용직 근로자가 바지를 걷어올리고 괴로워하길래 쳐다보니 무릎 언저리에 땀띠가 돋아 있었다. 너무 심해서 농이 맺힐 지경이었다. 그래서 현장에서 사용하는 황토에 물을 넣고 주물럭거려서 황토물을 만들어서 발라주었다. 그는 이렇게 해서 나으면 방송에 나올 일이라고 웃었다. 필자 역시도 이런 방법으로 치료가 된다고 들어본 적도 없고, 직접 경험해 본 적도 없어서 나중에 결과나 물어봐야지 하고 있었다. 그러나 새참 시간에 그가 갑자기 나를 찾아왔다. 바지를 올려서 보여주는데, 이게 웬일인가. 땀띠가 대부분 사그라들어 있었다. 필자 말고도 현장에 있던 모든 사람들이 황토의 효능에 매우 놀랐다.

어느 부인은 목 부위에 난 두드러기를 긁어서 진물이 나올 정도였다. 그 부인은 정제된 황토 분말을 발랐는데 1회 사용으로 완치가 되었다. 여드름이 심한 고등학생도 정제된 황토 분말로 팩을 해서 호전되었다. 햇빛 알레르기 피부염으로 고생하던 분도 황토팩으로 치료가 되었다.

　　이런 일도 있었다. 고추김치를 담그기 위해서는 고추를 따서 배를 가르고 씨를 빼낸 후에 배와 무를 썰어서 고추에 채우면 고추김치가 된다. 이 김치 담그는 일을 서울서 내려온 처형이 장갑도 안 끼고 욕심껏 많이 한 모양인데 밤에 문제가 발생했다. 손에 불이 난 것처럼 화끈거리고 달아올라 찬물에 담가도 보고 알로에를 바르는 등 별 방법을 다 써봐도 효과가 없었다. 급기야 병원에 간다길래 급한 김에 황토팩을 해보라고 권했다. 몇 분 후 정말 거짓말 같이 바로 진정이 되었다.

이제부터 소개할 집은 지은 지 30년 된 38평형 아파트 꼭대기층의 리모델링 사례다. 평소에 냄새가 많이 올라와서 공기 정화기를 늘 켜놓고 살던 집이었다. 이집 안주인은 꽃을 좋아해서 기회가 될 때마다 화분을 갖다 놓았는데 꽃이 쉽게 죽어서 본인이 화초 기르는 기술이 없는가 하고 포기를 했다고 한다. 이후 황토가 좋다는 이야기를 듣고 아파트 전체에 황토 미장을 했는데, 지금은 화초가 얼마나 잘 자라는지 집이 식물원이 되었다. 한 번은 이 집에 손님이 오셨는데 그 손님은 업무차 늘 외국을 다니고, 다음 날도 새벽에 바로 지방으로 떠나야 하는 상황이었다. 본인 생각에는 시차 적응도 안 되고 오랜 출장으로 몸이 많이 피곤하여 과연 내일 새벽에 차질 없이 일어날 수 있을지 염려하며 잠자리에 들었다. 그런데 다음 날 손님은 너무 좋은 컨디션으로 일을 끝냈다며 안주인에게 이유를 물었다고 한다. 잠을 잔 방이 황토방이라고 알려주었더니 그 손님은 당장 내게 전화해 본인 집 시공을 맡기기도 했다. 이후, 천식이 있어서 집에만 오면 재채기를 하고 괴로워하던 아들이 이제는 황토방에서만 자고 간다며 흙의 효능을 놀라워했다.

예전 시골에서는 여름에 기운이 없고 배가 아프면 어머니께서 아궁이 안의 바닥 흙을 떼어서 물에 끓인 후 흙을 가라앉히고, 위에 깨끗한 물을 주시곤 했다. 그때는 어린 마음에 흙 끓인 물이 무슨 약이 될 수 있는지 의아했는데, 요즘 「본초강목(本草綱目)」을 읽는 중에 이런 흙을 '복룡간'이라 부르며 여러 가지 질병에 효험이 있다고 기록된 것을 보았다. 이 책에는 땀띠도 황토로 치료한다고 적혀 있었다. 동의보감이나 본초강목, 왕실 양명술에는 황토를 이용한 치료 방법들이 이렇게 기록되어 있다. 민간에서 구전으로 전해지는 황토의 효능도 많지만, 황토가 마치 만병통치약처럼 비춰질 수 있어서 그동안 일부러 이런 부분에 대해서는 언급하지 않았다. 하지만 사람이 그저 지식으로 알고 있는 것과 경험으로 얻어진 사실과는 분명히 차이가 있다고 생각한다.

담틀집을 짓고자 하는 이들이 필자에게 지어진 집들을 답사하고 싶다고 요청한다. 일일이 안내를 할 수는 없어서 강화에 지은 한 집을 소개시켜 주는데, 다녀온 이들이 한결같이 그 집 안주인은 황토 교육을 얼마나 받았냐고 물어본다. 그 분은 따로 교육을 받은 적이 없다. 필자가 교육시킬 해박한 지식이 있는 것도 아니다. 다만, 타인에게서 전해들은 이야기를 전하는 것이 아니라 본인이 직접 체험한 경험을 얘기하니 자신 있고 당당하게 열정을 가지고 했을 것이다.

황토는 약성이 뛰어난 반면 독성이 없어 외부에서 침입하는 나쁜 기운을 제거하는 데 탁월한 효과가 있다. 또 황토는 인체에 가장 유익한 원적외선을 방사히여 혈류량을 증가시키고 신진대사를 촉진시킨다. 피로를 풀어주고 면역력을 높여주는데 황토 속에 있는 카달라아제라는 효소는 노화 현상을 방지하는 작용을 하는 것으로도 알려져 있다.

　　이밖에도 황토의 효능은 글로 다 표현할 수 없을 정도로 많다. 이런 이유로 도시 아파트를 떠나지 못하는 이들이 아파트를 황토로 미장하는 대안을 찾는 것이다.

아파트 벽면
황토 미장하기

주택이든 아파트든 주거용 건물 대부분이 도배 마감을 한다. 도배 풀과 벽지에서 발생하는 유해 물질로 인해 시공이 막 끝난 상태에서는 눈이 따갑고 매워서 실내에 있기 곤혹스러울 정도다. 집에서 밀가루 풀이나 찹쌀 풀을 만들면 여름에는 이틀을 못 견디고 상한다. 그러나 공장에서 생산된 풀은 유통기한이 얼마인지도 모르고 절대 상하는 일이 없다. 그만큼 방부제를 많이 첨가한다는 이야기다. 2~3일 지나면 냄새도 별로 안 나고 눈도 따갑지 않지만, 그렇다고 그 성분이 전부 없어진 것이 아니다. 그저 사람이 견딜 만큼 수치가 낮아진 것 뿐이다. 그래서 흙 미장을 하기 위해서는 벽지를 제거하는 것이 좋다. 또 대부분 벽지가 벽에 밀착되어 있지 않고 들떠 있기 때문에 시공을 위해서도 완전히 제거하는 게 편하다.

흙 미장을 하기 위해서는 벽지를 모두 제거하고 벽에 흙 미장이 견고하게 붙어 있을 수 있도록 철망을 친다. 이후 흙 미장을 하고 건조되면 맥칠로 마무리한다. 그러면 흙의 자연 색상과 흙 냄새가 정말 좋다. 집안에 있던 냄새도 흙이 마르면서 사라지고 공기가 좋아진 것을 단번에 느낄 수 있다. 화학자가 아닌 우리가 흙의 어떤 성분이 냄새를 제거하고 공기를 정화시키는지 설명할 수는 없어도 실질적으로 느껴지는 흙의 성능이 신기할 뿐이다. 이 공사에 들어간 황토가 8톤 정도로 시중에서 유통되는 황토를 첨가한 건축자재를 사용하여 마감공사를 하는 것과는 비교할 수 없다. 10년 전에 시공한 현장도 처음 시공했을 때 느낌 그대로 실내 공기를 산뜻하고 상쾌하게 유지시키고 있다. 오래된 단독주택에 살아도 안방 하나만 바꾸어 보면 흙의 기능과 정취를 대번에 느낄 수 있을 것이다. 신축 아파트라면 마이너스 옵션으로 도배를 생략해 비용을 절감하는 방법도 있다.

• 벽지를 뜯어내는
공사

• 벽지를 깨끗하게 제
거한 벽 위에 황토 미
장이 붙을 수 있도록
철망을 친다.

● 순수한 황토로 만드
는 미장용 모르타르

지난 2014년 3월 KBS2 '추적60분'에서 '라돈의 공포'라는 프로그램이 방영
된 바 있다. 폐암 환자의 발병 원인을 추적하였는데, 환자 대부분이 살던 주거
공간에서 허용치의 몇 배에 해당하는 라돈이 발생되고 있다는 내용이었다. 라
돈을 발생하는 자재가 석고보드와 레미콘인데, 그 후 몇 주가 지나서 TV 뉴스
에 라돈을 완벽하게 차단하고 잡아주는 내장재가 개발되어 시판되고 있다는
보도를 접했다. 참나무 숯을 첨가해서 만든 제품으로 가격이 비싼 게 흠이지
만 참나무 숯이 라돈을 완벽하게 차단할 수 있다는 것이다. 뉴스를 보고 나서
황토 모르타르에 참나무 숯을 첨가하는 방법을 적용시켜 보았다.

● 황토 모르타르에 참
나무 숯을 첨가하여
배합한 모습

● 철망 위에 1차 미장
을 하고 있는 작업

• 1차 미장을 한 후 2차 미장이 잘 붙을 수 있도록 미장면을 거칠게 긁어 놓는다.

• 1차 미장을 며칠 말린 후에 2차 미장을 한다.

• 미장공사를 끝낸
모습

• 황토미장을 끝낸 아
파트 내부

아래 사진은 최근 시공한 아파트 황토 미장 사례다. 건축주는 10년 전, 아파트 전체를 황토로 미장하고 살았다. 그동안 여러 번 매매할 기회가 있었는데도 황토미장이 아까워서 미루어 오다가 이번에 강남 쪽에 신축 아파트로 이사하면서 새로 황토 마감 공사를 한 것이다. 아파트 시공업체에 본인은 황토미장을 하겠으니 아예 도배조차 하지 말 것을 주문하고, 방문과 붙박이장까지 철거한 후에 모두 천연소재로 교체했다. 창문은 한옥창으로 덧대고 바닥재는 천연목재로 교체해 아파트 전체를 한옥 황토방으로 만들었다. 전체적인 정취가 다른 어떤 인테리어로는 표현할 수 없는 품격이다.

• 한옥풍으로 멋을 낸 아트월

• 조명을 받은 황토
미장벽

• 황토미장 공사를 끝
낸 아파트 내부

• 서울 자곡동의 한 아파트 실내 인테리어. 천장과 바닥은 모두 원목으로 마감하고 벽은 여러 겹으로 황토 미장해 새 아파트의 유해성을 원천 차단했다.

• 원목 주방가구와도 한껏 어울리는 고급스러운 황토 인테리어

• 아파트 현관은 문짝
안쪽을 옛 대문 형태
로 마감해 강렬한 인
상을 준다.

• 침실 역시 천연소재
로 마감하고 전통 창
호와 원목 붙박이장을
제작해 조화시켰다.

• 아파트라고는 보기
힘든 거실. 보과 서까
래를 만들어 전통 한옥
분위기를 물씬 냈다.

• 현관과 방화문까지
의 길목

• 주방 디자인과 발코
니 공간

• 침실은 잠을 자는
공간인 만큼 천장까지
황토로 마감해 흙의
장점을 맘껏 누린다.

• 원목과 흙으로만 장
식한 벽면. 집 안으로
들어서면 이 둘의 맑
고 은은한 향취가 그
윽하다.

• 안에서 본 현관 입
구의 모습(좌)

• 방 한 쪽에는 수납
장 역할을 하는 툇마
루를 두어 활용한다
(우).

8장
흙으로의 회귀본능〈回歸本能〉

8

흙집에 사는 것은
흙의 힘을 얻는 것이다

'네가 얼굴에 땀이 흘러야 식물을 먹고 필경은 흙으로 돌아가리니 그 속에서
네가 취함을 입었음이라 너는 흙이니 흙으로 돌아갈 것이니라'

위에 글은 성경에 나오는 문구다. 하나님이 사람을 흙으로 만드셨는데 흙으로 만든 사람이 하나님의 명을 거역하자, 하나님이 사람에게 내리신 형벌이다. 쉽게 이야기하자면 '너는 본래 흙으로 만들어진 존재인데 앞으로는 흙을 경작해서 흙에서 나오는 식물을 양식으로 삼아 살아가다가 결국에는 죽어서 흙으로 돌아가야 한다'는 의미이다. 그래서 죽은 사람을 돌아가셨다고 하지 않는가.

실제 사람의 육체를 형성하고 있는 성분을 분석해 보면 흙의 성분과 98%가 동일하다고 한다. 우리나라도 70년대부터 산업화가 시작되어 오늘에 이르렀지만 우리네 부모님들의 직업은 대부분 농업이었다. 어릴 적 시골에 살면서 모내기나 추수하는 날이 되면 으레 학교도 가지 못하고 어른들 일을 도와야 했다. 그때는 일이 하기 싫어서 어른들 몰래 학교에 갔다가 돌아와서는 심하게 야단을 맞기도 하면서 학교 앞에서 부모님이 문방구를 하는 친구를 부러워하기도 했다. 그러나 나이가 들어갈수록 그때가 그리워진다. 기회가 되면 거창한 귀농(歸農)은 아니더라도 전원에서 흙집을 짓고 조그마한 채전이라도 일구며 살고 싶어지는 바람이 어찌 나만의 생각이겠는가. 물론 이러한 소망을

가진 이들은 어릴 적 추억과 향수에 젖어서 그럴 수도 있겠다. 하지만 인간은 본래 흙에서 왔다가 흙으로 돌아가야 하는 존재이다 보니 나이가 들어갈수록 흙을 가까이 하고 싶은 것이 대부분 동물들의 본능일 것이다.

이런 회귀본능(回歸本能)이 우리를 흙으로 다가가게 하는 것이 아닌가 생각한다. 남대천에서 방류한 연어의 치어가 태평양을 돌면서 성어가 되고 죽기 전에 고향 남대천으로 돌아가기 위해 갖은 고난과 역경을 뚫고 찾아와 알을 낳고 죽는 이치와 같다고 하면 무리한 억측일까.

필자가 아는 어떤 유명한 분은 50년대 미국 유학을 떠나며 고향의 흙을 한 봉지 가지고 갔다고 한다. 고학을 하는 그 어려움 속에서 미치도록 부모님이 보고 싶고 고향이 그리워 향수병이 날 때마다 그 흙냄새를 맡으면서 이겨냈다는 이야기를 들었다. 그렇다. 흙은 우리의 어머니와 같고 마음의 고향 같아서 생각만 해도 포근하고 정겨운 느낌이 든다. 실제로 흙이 가지고 있는 자연 색상은 사람에게 심리적인 안정을 주고 긍정적인 생각을 가질 수 있도록 작용한다고 알려져 있다. 최근 외국의 연구사례를 보면 흙 속에 존재하고 있는 수억 마리의 미생물 중에 사람의 기분을 좋게 하는 미생물들이 상당 부분을 차지하고 있다는 자료도 있다.

실제로 모 대학에서 똑같은 크기의 상자를 흙으로 만들고 또 하나는 시멘트로 만들어서 각각의 상자에 쥐를 7마리씩 넣고 실험을 했다. 실험 일주일이 지나면서 시멘트 상자의 쥐들이 사납고 거칠어진 반면 흙 속에 넣은 쥐들은 온순해졌다. 실험 26일 만에 콘크리트 상자의 쥐들은 모두 죽었고 흙 상자 속의 쥐들은 1마리만 죽었다는 결과가 나와 있다.

모든 동물들은 예지능력이 있다. 인도네시아에서 지진 해일이 일어났을 때에 짐승들은 미리 알고 대피했다. 유독 사람만이 예시능력이 떨어지는 것은 문명이라고 하는 틀 안에 스스로를 가두어놓고 소유하고 쟁취하기 위한 투쟁(전쟁)력을 높이는 교육을 받고 있기 때문이다. 본인 스스로 한쪽으로만 쏠린

부단한 노력을 하는 과정에서 인간이 가지고 있는 다른 능력들이 저하되거나 퇴보된다.

인간이 짐승과 다른 것은 짐승은 본능대로 행동하지만 인간은 생각하고 행동한다는 점이다. 그렇게 정신이 육체를 지배하지만, 때로는 육체의 필요를 정신이 수용해야 한다. 육체의 필요를 정신이 계속해서 거부하면 육체도 반항을 하게 되는데, 이것이 질병이다. 육체는 적절한 휴식과 필요한 영양분 섭취를 원하지만, 경쟁에서 이기기 위해 무장된 정신은 그런 육체의 요구를 묵살하고 길들어진 맛만 찾는다. 도심 속 공해에 찌든 현대인들이 가끔 자연을 찾으면 몸이 상쾌하고 기분이 좋아진다. 이는 육체의 필요를 채워줌으로써 얻는 맑은 정신이다. 우리가 흙과 접하면 편하고 마음이 좋아지는 것은 우리의 육체가 흙을 필요로 하는 본능이 작용하기 때문이리라.

우리의 육체 속에는 흙으로 돌아가고 싶은 회귀본능이 항상 내재해 있다. 이 본능을 충족시켜 주면 본래 인간이 가지고 있던 능력이 향상되고 육체는 물론 정신 건강에도 큰 도움이 될 것이다. 우리가 어렵게 살던 시절에는 먹고살기 위해서 너도나도 도시로 모여들어 사회의 일익을 담당했지만, 이렇게 형성된 도시화가 이제는 우리의 건강을 위협하며 무엇보다도 인간성을 황폐화시키는 심각한 문제의 원인이 되고 있다. 이런 상황에서 사람들은 참살이에 관심을 갖게 되고 온 세상이 '웰빙', '힐링' 열풍에 휘감기고 있다. 음식도 그렇다. 우리가 어렵게 살던 시절에는 잘 먹는다는 것이 기름지고 맛있는 음식이었지만, 이제는 건강에 도움이 되는 음식에 관심이 모아지고 있다. 그러나 건강하게 오래 사는 이들은 대부분 소식(小食)을 하고 자연에서 욕심 없이 사는 이들이다. 현대인들의 질병 대부분은 생활 습관과 환경에서 온다. 과도하게 받는 스트레스는 모든 질병의 근원이고 피부병과 호흡기 질환은 대개가 환경 때문에 일어난다.

얼마 전 시화호 주변에 사는 주민들은 다른 지역에 거주하는 사람들보다 알레르기성 피부질환이 2.7배나 많이 발병한다는 보도가 있었다. 사람이 하루에 섭취하는 음식물의 양은 3㎏ 정도이지만 하루 동안 호흡기를 통해 들어오는 산소의 양은 20~25㎏이나 된다고 한다. 이렇게 중요한 산소를 오염된 상태로 몸에 공급하면서 어떻게 건강을 기대할 수 있는가. 유명한 운동선수들이 부상을 당했을 때 치료하는 회복 프로그램 중에는 산소 캡슐에 들어가는 치료법이 있다. 일반 공기 중 산소 농도는 21%인데, 산소 캡슐 안에 산소 농도를 38%로 유지해 놓고 하루에 몇 번씩 캡슐 안으로 들어간다. 그러면 부상당한 조직의 치료와 회복이 빨라진다고 한다.

우리는 여러 매체를 통해 암 말기 등 시한부를 선고받은 환자들이 숲속으로 들어가 살면서 생명을 유지하는 이야기들을 종종 접한다. 그래서 자연이 사람에게 얼마나 좋은지 상식적으로 알고 있다. 그러나 우리는 알면서도 현실에 안주한다. 지금의 환경을 바꾸고 싶지 않거나 바꿀 엄두도 못 내고 있다. 그러나 생각을 바꾸면 얼마든지 길이 있다. 요즈음에는 귀농학교도 많고 여러 지방자치단체에서 정착지원금도 지원하는 곳도 있으며, 농촌정주사업이나 은퇴자 들을 위한 농촌사업 등도 활발하다. 도시에서 사는 이들이 시골이라고 선입견을 갖고 60년대나 70년대 시골을 떠올리는데, 지금은 대부분의 시골이 자동차로 몇 분 거리 안에 의료시설, 문화시설과 쇼핑시설을 이용할 수 있으며 명문학교도 지방에 많다.

사람마다 가치관과 생각이 다르겠지만, 서울의 웬만한 아파트 전세금만 가져도 거창한 귀농까지는 아니더라도 전원생활을 하는 데는 부족하지 않을 것이다. 필자는 흙이 좋아서 흙집을 짓고 흙집에서 살고 있다. 경제적인 논리로 따지자면 서울의 아파트와 비교할 수 없지만 이제 나에게는 아파트는 무용지물이다. 몇 시간만 서울 시내에 있으면 머리가 지끈거리고 답답해서 가능하면 빨리 벗어나려고 하고, 집에 들어올 때마다 매번 우리 집이 가장 편하고 좋다는 생각을 한다.

나는 고향이 시골이지만 본적지는 서울이다. 삼남이기 때문에 일찍이 상경해서 터를 잡고 살다가 사업의 어려움으로 잠시 내려온 것이 현재까지 눌러 앉게 되었다. 지금은 그 때의 어려움을 오히려 고맙게 생각하며 살고 있다. 앞으로 기회가 주어진다면 시골에서 살아가는 이야기를 남겨 보려고 한다.

• 필자가 처음 지어
살던 담틀집

• 거실의 원형 보와
서까래

• 가마솥 걸이와 간이
정자가 있는 마당 풍
경이다.

자연과 함께하는
나의 담틀집

건축주 **김효숙**

종현산 자락을 향하여 오솔길을 따라 오르면서 숨을 두세 번 몰아쉬고 나면 집이 여남은 채밖에 보이지 않는 하늘아래 첫 동네가 나타난다. 그곳을 지난해 처음 만나고 나서 망설임 없이 집을 짓겠다고 생각을 했다. 나이가 들면서 정신없이 살아온 분주한 도시 아파트 생활 속 편리함에 길들여진 나는 이제 그곳이 안락하기보다는 지루하게 느껴지던 터였다. 도시가 역동적이고 활력이 넘치는 곳이기는 하지만, 이제 꼭 그런 곳에 살아야 하는 이유는 없었기 때문이다.

이런저런 생각을 막연한 기대로만 떠올리다 지금껏 그리던 자신만의 집을 시골에 한 채 지었으면 하는 생각을 해 보았다. 수수하고 단출한 집이었으면 좋겠다는 생각으로 1년여 동안 어떤 집을 지을까 많은 고심을 했다. 흙집과 나무집을 오가며 인터넷을 통하여 검색하고 나름대로 공부도 했다. 나무로 예쁘게 지은 집이

나 흙으로 지은 집이 있으면 찾아가 보기도 했다. 그러던 중 인터넷 카페에서 윤경중 씨를 만나고 어느 날 그 분 집을 직접 찾아가 보았다.

집은 내가 좋아하는 흙과 나무와의 만남이었다. 담틀집에 대한 자세한 설명을 듣고, 그분만이 고집이 느껴졌다. 토담은 왜 이음새 없이 한 번에 쳐야만 하는지 구들과 문틀은 어떻게 시공해야 하는지 설명에 귀 기울였다.

나는 오래전부터 알레르기성 비염으로 고생해왔다. 둘째 아이 출산 이후부터인 것 같다. 해마다 비염 때문에 고생이 무척 심했고, 비염은 날로 심해져 여러 가지 알레르기가 날 못살게 굴었다. 그러던 중 남편의 직장 관계로 미국에서 몇 년 동안 살게 되었다. 그곳에서는 그렇게나 나를 괴롭혔던 알레르기 현상들이 없어졌는데, 귀국하니 그 놈의 현상이 또 나타나기 시작했다. 그와 동시에 물 좋고 공기 좋은 종현산

298

• 김효숙 씨의 포천 담틀집 전경

자락에 건강에 좋은 담틀집을 짓고 내 생을 마 감해도 좋을 것이란 확신이 들었다.

숲속에 생명이 불어 넘쳐 싱그러움이 더할 때 쯤 집터를 다졌다. 커다란 바위들로 기초를 단 단하고 튼튼하게 세우고 흙을 상자 속(담틀)에 긁어모아 굳게 다져서 그 위에 세웠다. 담틀을 벗긴 모습은 가장 원시적인 모습이었다. 딱딱 하게 굳은 흙벽 위에 둥근 원목 그대로의 대들 보를 거뜬히 올려놓았고 서까래를 걸치고 벽체 에 떨어지는 비를 피하려 지붕도 올렸다. 밖에 서서 집의 형상을 바라보니 뒷산과 들과 집이 나란히 서 있는 것이 그토록 좋아 보일 수 없었 다. 땅과 하늘이 만나서 함께 만든 작은 한 공 간이 탄생한 것이다. 집 속에 들어가서 바깥 풍 경을 내다보니 이 작은 공간 속으로 자연의 숨 결이 한껏 빨려 들어오는 것 같았다. 벌써 내 삶이 자연 속에 동화되어 한껏 풍요로워지는

것 같았다. 구들을 놓고 방을 데우니 이 집을 짓느라 한여름 고생하신 윤경중 씨와 작업자 분들 모두의 온기가 느껴졌다.

나무로 만든 대문 또한 아주 조화롭게 매달려 있다. 아직은 시간과 손을 기다리는 미완의 집 이지만 시간이 넘나들 수 있도록 대문을 활짝 열어놓으리. 앞마당엔 제 손으로 땅을 일구어 씨 뿌려 벌레 한 잎, 새 한 잎 나누어 먹고 살으 리. 풀벌레소리, 새소리 들으며 이웃하는 산과 계곡과 멀리 보이는 구름과 어울리며 내 삶의 취향을 사는 날까지 그 속에 가득 담아 이 집에 섞여서 곱게 나이 들어가고 싶다.

　　마지막으로 그동안 예쁜 집을 지어주시느 라 고생하신 토담꾼 윤경중 씨에게 감사의 말 씀을 전하고 싶다.

우리 집은 이제
강화의 명물

건축주 유선자

인천에 살면서 십여 년 전 지인의 권유로 강화에 900여 평 대지를 구입했다. 당시에는 어떤 특별한 계획이 있었던 것이 아니라 좀 여유자금이 있어서 투자하는 셈치고 구입했던 것이다. 나무를 심어 놓고 몇 년을 그냥 두었더니 다시 야산이 되어서 몇 년 후부터 잡초를 제거하고 야생화도 심고 채소도 가꾸면서 땅 한켠에 남편이 손수 원두막도 지었다. 때로는 원두막에서 자고가기도 하면서 우리 부부는 이곳을 자주 오게 되었다. 그런데 오면 올수록 땅에 애착이 가고 흙이 좋아졌다. 무엇보다 시내에서 머리가 복잡하고 신경이 날카로울 때 이곳에 와서 꽃도 심고 풀도 뽑고 채소를 가꾸다 보면 머리가 맑아지고 기분이 좋아졌다. 나는 시골이 고향이지만 결혼을 한 후에는 줄곧 도시에서 살았고 최근에는 계속 아파트에서 살면서 남들이 보면 병적일만큼 깔끔을 떨며 지냈다. 스스로 천성적으로 깔끔한 사람이라고 자부하

면서 살았던 내가 호미로 땅을 파서 거름을 주고 꽃밭을 일구고 채소를 가꾸며 행복하고 즐거워하는 모습을 보며 '내속에 이런 면도 있었구나' 깨닫게 되었다. 경쟁 사회에서 남보다 잘 살기 위해서 나름대로 최선을 다했지만 나의 육체는 이러한 환경을 원했었구나 하는 생각이 들면서 '그래 내 남은 생애는 이곳에 집을 짓고 살아야겠다'는 생각을 굳히게 되었다.

그러면 어떤 집을 지을까? 그때부터 나는 몇 년 동안이나 지나가며 예쁜 집이나 잘 지은 집이 보이면 찾아가서 꼼꼼하게 살피고 다니기를 3년이나 했다. 그런데 이상하게도 잘 지었다고 생각했던 집들을 다시 보려고 두 번째 찾아가면 내 마음에 쏙 들어오지 않았다. 그렇다고 집을 지어본 경험도 없는 내가 설계를 한다거나 구상을 할 수 없으니 남의 집 훔쳐보면서 잘된 곳만 골라 조합해서 지어야지 하는 생각으로

• 유선자 씨의 강화도 흙집

남의 집 훔쳐보기를 계속 이어갔다.

그러다가 지인의 소개로 흙집을 전문으로 짓는다는 토담건축의 윤경중 대표를 소개 받았다. 그분이 사시는 흙집을 방문하게 되었는데, 집에 들어서는 순간 '그래 이 집이야' 하는 생각이 들었다. 돌아오는 길에 남편의 의견을 물으니 남편도 그 집에 들어서는 순간부터 나와 똑같은 생각을 하였단다.

그때까지 한 번도 흙집으로 짓겠다는 생각을 해 본 적도 없고, 흙이 사람이 살아가는 환경을 좋게 한다는 생각을 해본 적도 없다. 그동안 구상하던 집과는 전혀 무관한 집이었는데 흙집에 들어서는 순간 마치 고향의 엄마 품과 같이 따스하고 정겨운 느낌이 들었다.

그래서 그에게 흙집을 맡기기로 하고 함께 머리를 맞대고 마음에 꼭 맞는 배치와 구조를 만들어 설계사무소에 의뢰했다. 함께 설계를 하고, 좋은 황토를 찾아다니며 업자와 건축

주의 긴장 관계가 아니라, 함께 좋은 집을 지어가는 협력자 관계가 지속되어 너무 좋았다.

흙집을 지으려면 날씨가 좋아야 된다는데, 집을 지으면서 여자인 내가 힘으로 도울 수는 없지만, 좋은 날씨를 달라고 기도했다. 그래서 그랬는지 우리 집이 완공될 때까지 큰 비는 오지 않았다. 날씨로 인해 큰 어려움이 없이 공사를 마무리 할 수 있었으며 시공 과정에서 보여준 윤 대표님의 열정과 혼을 담은 정성은 두고두고 잊히지 않을 것 같다.

내가 처음 흙집을 짓는다고 할 때는 주위 사람들이 하자가 많아 사람이 살 수 없다고 말리는 이들이 많았다. 또 흙집은 공사기간이 길어서 어렵다고 염려하는 분들도 적지 않았다. 그런 이들의 우려를 잠식시키듯 공사 착수 90일 만에 정말 멋진 토담집이 완공되었다. 멋지기만 한 게 아니라 좋은 집이 완성되었다. 이사를

• 정원과 어우러진 집의 모습으로 집주인의 정성을 알 수 있다.

한 후, 많은 사람들이 이구동성으로 정말 세상에서 가장 좋은 집이라고 입이 마르도록 칭찬하며 '강화의 명물'이라는 이름까지 붙여 주었다. 이런 소리를 듣다보면 내가 흙집 짓기를 정말 잘했구나 하는 생각이 든다. 이사한 다음날 아침, 윤대표님이 잠자리가 편안했는지 물어보시는데, 정말 꿀 같은 단잠을 잤다. 나는 약간의 불면증이 있었고, 몸이 피곤하면 단잠을 이루기가 더 힘이 드는 사람인데 첫날은 이사를 하고 몸이 피곤했는데도 꿈 한 번 꾸지 않고 잘 잤다. 새집은 냄새 때문에 사람이 바로 들어가지를 못한다는데 우리 집은 나무 냄새와 흙 냄새가 적당히 섞여 오시는 분마다 상쾌한 냄새가 난다고 한다.

집의 방향을 남쪽으로 앉히고 대문을 동쪽으로 낼 수 있는 집터는 삼대가 적선(積善)을 해야만 얻을 수 있는 집터라는데, 내가 무슨 덕이 있어서 이러한 터에 이런 집을 짓게 되었는지 감사한 마음뿐이다. 성경 레위기에 땅은 하나님의 것이라고 했다. 그렇다면 이 땅도 내 것이 아니고 하나님의 것이며 하나님이 나에게 관리하라고 맡겨준 것일진대 선한 청지기 같이 아름답게 잘 가꾸어서 작은 에덴 동산을 만들어서 많은 사람들에게 하나님의 주신 자연을 마음껏 뽐내 보리라.

끝으로 건강 때문에 어려움을 겪는 많은 사람들에게 흙집이 많이 보급되어졌으면 하는 바람이다.

- 원형 서까래가 일품인 거실 전경

- 난방 및 벽난로 역할을 하는 구들

- 육각창으로 멋을 낸 응접실